U0262777

SELECTED &
CURRENT
WORKS

华建集团华东建筑设计研究院有限公司

ECADI 作品选 2012–2021

华建集团华东建筑设计研究院有限公司 编著

中国建筑工业出版社

图书在版编目（CIP）数据

华建集团华东建筑设计研究院有限公司作品选：2012—2021 = ECADI SELECTED & CURRENT WORKS / 华建集团华东建筑设计研究院有限公司编著. —北京：中国建筑工业出版社，2022.8
ISBN 978-7-112-27654-7

Ⅰ. ①华… Ⅱ. ①华… Ⅲ. ①建筑设计—作品集—中国—现代 Ⅳ. ①TU206

中国版本图书馆CIP数据核字（2022）第130405号

责任编辑：孙书妍　滕云飞
书籍设计：锋尚设计
责任校对：李辰馨

华建集团华东建筑设计研究院有限公司作品选　2012-2021
ECADI SELECTED & CURRENT WORKS
华建集团华东建筑设计研究院有限公司　编著

*

中国建筑工业出版社出版、发行（北京海淀三里河路9号）
各地新华书店、建筑书店经销
北京锋尚制版有限公司制版
北京雅昌艺术印刷有限公司印刷

*

开本：880毫米×1230毫米　1/16　印张：20½　字数：858千字
2022年9月第一版　2022年9月第一次印刷
定价：**298.00**元
ISBN 978-7-112-27654-7
（39544）

序一

值此华东建筑设计研究院（以下称“华东院”）七十周年华诞，躬逢其盛，与有荣焉，幸甚至哉！应邀为即将付梓面世的华东院作品选作序，得以先睹书稿清样，为华东院七十年来的丰硕设计成果感到由衷的高兴，在此谨向华东院的各位同仁表示亲切的慰问和深深的敬意。

华东院作为新中国大型建筑设计企业的先驱，不愧为我国建筑设计行业的先行者，始终与新中国同发展、共命运。1952年成立时，由金瓯卜同志负责，汇集了赵深、陈植、王华彬、吴景祥、薛楚书、许昭、何广乾等一大批当时国内建筑界精英，并陆续向国家输送了大批人才，后来又涌现出倪天增、张钦楠、江欢成院士等杰出人才，为我国社会主义建设事业做出了重要贡献。

七十年来，华东院筚路蓝缕、薪火相传，奉献出一代代建筑人的才华与汗水，与全国的建筑同行一起以饱满的创作激情和优秀的设计作品为新中国经济、社会、文化发展，为城市建设和人民福祉，在古老的中华大地上，谱写出一篇篇精彩美好的华章。

从20世纪50年代开始到70年代，华东院承担了大量的工业、国防、公共与民用建筑等重要基本建设的设计任务，遍布全国各地，取得了丰硕成果，为新中国构建完整的工业基础设施体系做出了重要贡献。据统计，华东院在50年代参加设计的江南造船厂、长春汽车制造厂等各地工业建筑和配套设施项目，多达370余项。在公共和民用建筑领域，华东院与苏联专家合作设计的上海展览馆（中苏友好大厦），在此后的40年里，成为上海重要的城市名片和地标。70年代，华东院设计的毛里塔尼亚体育场等援外工程相继竣工，成为新中国外交事业和各国人民友好往来的历史见证。

20世纪70年代末和80年代，中国改革开放的伟大事业开始起步，城市面貌开始发生巨大变化，华东院由事业单位转变为企业化管理，迎来全面加速转型和新的发展增长期。他们锐意创新，敢为人先，在行业内率先试点计算机应用与辅助设计，积极开拓全国市场，大胆尝试工程项目总承包。在此期间，华东院设计完成了以上海港十六浦客运站、上海铁路新客站等交通建筑，上海联谊大厦、上海华东电业局调度大楼、上海电信大楼等办公建筑，龙柏饭店、上海西郊宾馆睦如居、华亭宾馆、上海银河宾馆和上海虹桥宾馆等旅馆建筑，上海曲阳新村居住区等居住建筑，贝宁科托努体育中心等海外项目，以及上海色织四厂布机车间、上海电视一厂、中美上海施贵宝制药有限公司、上海强生制药厂、上海耀华皮尔金顿玻璃有限公司浮法玻璃生产线等工业建筑为代表的一大批现代建筑，为上海的城市建设、我国的改革开放和国际交流合作，做出了突出贡献。

20世纪90年代开始，随着浦东的改革开放和上海的快速建设发展，华东院紧抓机遇，焕发出新的生命力。这时期的代表作品有，东方明珠广播电视塔、上海大剧院、浦东国际机场一期工程、上海城市规划馆、上海影城、中欧国际工商学院、上海电视大厦、上海市委党校和行政学院、中国人民银行上海分行、交通银行、浦东发展银行、上海银行、上海建设大厦、国家电力调度中心、上海商城、港汇广场、上海世贸商城，两湾一宅旧区改造、上海万里示范居住区等项目，还有赞比亚党部大楼等援外项目。其中，上海东方明珠广播电视塔是亚洲最高、世界第三高的钢筋混凝土结构电视塔，首创了全世界电视塔中独一无二的宏伟造型，被国内外公认为中国改革开放以来上海最具特色的城市地标，充分体现了当代中国建筑设计的文化自信和创造力。

在新世纪的第一个十年里，我国加入世界贸易组织，各行各业开启新的改革进程并面临国际竞争的挑战。随着城市化的快速发展，建筑的规模大、类型新、功能综合、技术复杂，对传统的建筑设计领域提出了全新要求。华东院主动把握窗口期，发挥自身优势，聚焦专业化与专项化，在超高层建筑、空港枢纽、轨道交通、办公、酒店、文旅建筑、会展中心等一批专项领域，发展产学研一体化，创作了许多优秀的原创设计和合作设计建筑精品。这个时期的代表作品有上海环球金融中心、北京中央电视台新台址、中共中央组织部办公楼、中共中央统战部办公楼、南京紫峰大厦等办公建筑与超高层建筑综合体；上海铁路南站、浦东国际机场二期等交通建筑；中共中央党校、浦东干部学院、东方艺术中心、无锡灵山圣境等教育与文化建筑，以及特立尼达和多巴哥西班牙港现代艺术中心等援外作品。2010年，倡导“城市让生活更美好”的上海世博会成功举办，华东院在世博会“一轴四馆”永久展馆的国际竞赛中，连中三元，出色完成世博演艺中心、世博中心、世博轴等永久性场馆设计，受到了党中央、国务院的表彰。2009年中国建筑学会举办了中华人民共和国成立六十周年建筑创作大奖评选，在300项获奖项目中，华东院荣获18项，包括上海展览馆（中苏友好大厦）、东方明珠广播电视塔、浦东国际机场一期和二期工程、上海铁路新客站、龙柏饭店、上海大剧院、上海商城、华亭宾馆、上海城市规划展览馆、贝宁科托努体育中心等12项，和21世纪初的上海环球金融中心、上海铁路南站站屋等6项。

2010年以来，在继续发展建筑专项类型业务基础上，面对城市化进程和城市更新的新转变和新挑战，华东院进一步拓展国际视野，与时俱进，厚积薄发，在建筑类型、城市设计与城市更新、历史文化保护等领域，开展了新时代设计理念和现代技术的全新探索。

随着粤港澳大湾区、长三角、京津冀等重点发展区域的城市群、都市圈的蓬勃兴起，以及伴随而来的社会经济文化生活的新变化，华东院积极探索建筑类型的创新与创作实践，涌现出一批新建筑类型的重要作品。上海虹桥综合交通枢纽是国际上第一个轨陆空全面集成的交通建筑类型的新突破，是我国特大型城市国际门户综合枢纽领域的成功探索与实践。上海的国家会展中心暨中国国际进口博览会场馆则是我国第一个将国际特大型会议会展、商业、办公、五星级酒店等会展配套设施与城市轨道交通相结合的多功能复合型超大级会展综合体，发展了新的会展建筑类型。华东院规划设计的杭州艮山门动车所上盖项目与深汕综合交通枢纽等一批将立体城市与轨道交通复合建筑结合的新作，致力于缝合城市，探索以TOD为导向的紧凑集约、功能复合的站城一体新建筑类型和开发建设的创新模式。这些努力充分体现了华东院满怀着对新时代的责任心和使命感，密切关注特大型城市公共建筑和城市公共空间营造，力求建立城市新经济和新社会生活之间的内在多元联系与协调平衡。

城市设计是建筑学在城市层面的延伸。华东院发挥在大型项目中的集成优势，在城市设计领域积极拓展，取得了很多重要成果。2013年港珠澳大桥通关口岸工程，在特大型项目中，通过设计总包管理对片区开发进行整体设计与设计管理。2019年启动的上海龙阳路综合交通枢纽设计总控，将开放街区、活力街道立体复合等片区开发的先进理念与城市设计、单体建筑设计紧密衔接。2020年开始的黄浦江北外滩滨江贯通工程，统筹考虑滨江带区域的海鸥饭店、历史保护建筑红楼与北外滩世界会客厅之间的地下空间、交通组织、景观环境、市政设施与分期建设，以及新建、改造与保护建筑的关系，通过整体策划、规划与设计，保障了城市片区开发更新的有序、精细、整体协同与有效运营落地，以期实现城市风貌和建筑设计的高品质。

当前，我国城镇化已进入存量提质与增量调整结构并重的新时期，国家提出“实施更新行动”。华东院聚焦上海地区的城市历史文化风貌和公共开放空间、工业区转型和工业遗产保护利用、滨水区产业功能和空间升级迭代、历史建筑的修缮保护与既有建筑改造等四个方面，积极探索多专业领域合作，取得了良好的综合效益。2021年，在外滩、南京东路风貌区和城市公共开放空间，华东院精心规划与设计，出色完成了南京路步行街东拓、南京东路201号（原华东电力调度大楼）改造工程、黄浦区179街坊（原外滩中央商场）修缮与改造，并正在实施黄浦区160街坊（原旧上海工部局）修缮与改造、外滩国际大楼改造工程等重点项目。2019年在原上海生物制品厂的工业用地上，华东院设计完成的"上生新所"片区整体更新，成为工业遗产保护与利用的示范样本，区域范围内的孙科住宅修缮工程等一批优秀历史建筑保护项目也相继完成。2021年，北外滩世界会客厅的高品质落成和顺利运营，成为上海城市更新的重点工程。近年来，华东院还完成了一批历经百年的优秀历史建筑保护修缮工程，有兼具法国文艺复兴和法式乡村建筑风格的原法国总会（上海科学会堂）等项目，还有正在实施的欧洲古典主义建筑风格的原上海工部局大楼等项目，为传承宝贵的历史文化和建筑艺术做出积极的努力和贡献。

砥砺奋进七十年，硕果累累入史册。华东院在不同的历史时期都取得了骄人的业绩，一向为业界和社会所称道。"十四五"规划的实施，标志着我国已进入高质量发展的新时期，我国的经济社会发展和城镇化进程都将呈现出新的格局，人居环境、城乡建设、设计咨询等都要对此做出积极地响应。

应该看到，在新时期以国内大循环为主、国内国际双循环相互促进的新发展格局下，新型城市基础设施建设、城市更新、完整居住社区建设、乡村建设行动等高质量建设活动，为工程设计咨询业的发展，既提供了新的机遇，同时也带来了新的挑战。在新的征程中，需要我们做出艰苦的努力，在体制、机制、制度以及理念和技术上有更大的创新和突破，要解决好一些带有新时代特征的新问题。诸如：如何在扩大建筑师负责制试点并逐步推广的同时，做好国家提出的总建筑师制度的试点与推行；如何处理好全过程工程咨询与工程总承包之间的关系与衔接问题；在从增量发展为主转向存量提质与增量调整结构并重的新阶段，如何修订现行的以规范新建项目为主体的标准规范并编制新的标准规范，以适应老旧建筑、老旧小区，特别是历史文化街区的消防、卫生、安全等有法可依的问题；如何增强文化自信，摆脱学徒心态，繁荣建筑创作，提高建筑设计和城市设计质量，创作出具有中国风范和时代感的建筑精品，塑造富有地域特色的城市风貌；如何贯彻绿色低碳理念，为实现"双碳"目标，因地制宜地建立超低能耗和近零能耗建筑体系及设计导则，积极参与相关标准规范的制定；如何提升科技创新能力，在政府引导下，以市场为导向，发挥好大型设计咨询机构的创新主体作用，创建研发中心和创新平台，推动行业数字化转型，推进BIM的全过程应用，加快实施智能化、标准化、集成化设计……凡此种种，都是需要我们努力破解的课题。

华东院作为我国大型的综合性、复合型工程设计咨询机构，是我国在这一领域的骨干力量，在多类型的城市设计、工程设计、全过程工程咨询和总承包、新型的建筑师负责制管理模式等方面，具有相当的优势，在不断探索和实践中积累了丰富的工程案例和宝贵的经验，值得认真梳理、总结、交流、互鉴，也相信在未来的发展征程中，华东院必将在新一轮转型升级、推进技术革命、加快数字技术与建筑的融合、增强综合服务能力等方面，起到引领和带动作用。华东院也必将初心如磐，使命在肩，建功新时代，续写新篇章。

是为序。

宋春华

2022年5月19日

序二

华建集团华东建筑设计研究院有限公司最早成立于1952年5月19日，是新中国第一批国有大型建筑设计企业之一。70年来，华东院凭借雄厚的技术实力和与时俱进的创新发展，已经成为立足全国、面向国际的建筑设计咨询领军企业。

华东院作为国家城乡建设的排头兵，积极践行国有企业的担当与使命，主动服务各个时期的国家发展战略，立足上海，布局全国，深耕长三角、大湾区、京津冀、华中、西南、西北等国家重要的发展区域及重点城市，设立总部、区域事业部与分公司。经过历代华东人的不懈努力，华东院的设计作品遍布全国各重要城市，并遍及世界七大洲的30余个国家和地区。

华东院以“创新中国设计，引领美好生活”为愿景，致力于国际视野与理念，产学研一体化的创新设计，行业领先的专业、专项与专家资源的设计咨询整合能力，为业主提供属地的集成服务，为城乡高质量发展和人民的美好生活提供具有国际竞争力的高品质、全过程的综合解决方案。新世纪以来，华东院积极响应国家发展战略和行业发展的新需求，以新时代新发展作为企业创新变革的重要契机，改革创新，积极探索实践现代企业管理模式和矩阵式生产组织方式，取得了显著成效。华东院把专业化、专项化发展作为引领创新突破的重要切入点，通过实施“产学研一体化”和专项化产品技术发展，深入理解专项类型市场客户的差异化需求，为客户定制高价值的产品和服务。为了提升专项化产品和技术竞争力，华东院建立各类研究中心和各产品类型研究工作站，大力培育和发展专业与各专项类型技术核心能力，培养专项化技术队伍和骨干人才。秉承价值链高端发展的理念，华东院逐步树立高端品牌形象，以理念设计与创意、精美品质、设计价值链的整合能力、专业高效的属地服务管理，在全国重点城市完成了一大批代表性重点工程，如北京中央电视台新台址、中组部办公楼、国家电力调度中心办公楼、统战部办公楼、上海东方明珠广播电视塔、国家会展中心与进博会场馆、北外滩世界会客厅、新开发银行总部大楼、虹桥综合交通枢纽、浦东国际机场航站楼和卫星厅、梅赛德斯—奔驰文化中心、天津周大福金融中心、天津大剧院、津门津塔、天津茱莉亚音乐学院、港珠澳大桥珠海与澳门口岸工程、武汉绿地长江中心、武汉中心、重庆大剧院、江苏大剧院、南京紫峰大厦、南京江北新区核心区地下空间、普陀山观音文化园、长沙冰雪世界等。华东院先后获得国际、国家、建设部、省市级优秀设计奖、优秀工程奖、科技进步奖、优秀工程咨询奖等各种奖项数千项。通过七十年来的不懈努力，华东院赢得了行业和社会的普遍赞誉。

当前，我国进入了面向未来的高质量发展新时期，面临着新的机遇和挑战。随着国内国际双循环相互促进的国家发展新战略、中国城市化进程与城市更新建设的新目标，以及全过程工程咨询服务的行业新模式，建筑设计行业开启了新的征途。面对新时代和新机遇，华东院主动适应新时代国家战略的发展方向，深入把握新兴技术领域多元化增长的窗口期新机遇，着力推进技术创新与新旧动能转换，进一步探索思考企业未来发展的新道路。

华东院将深入领会“人民城市理念”的发展方针，把加快建设具有世界影响力的社会主义现代化国际大都市作为未来发展的重要目标。在新一轮城市群和都市圈的建设发展中，通过创新和发展中国设计，持续增强城市能级和核心竞争力，全面提升城市软实力和抗风险能力，不断开创人民城市建设新局面。为实现人民城市理念，首先要把握城市发展的特点和规律，构建新的发展理念和发展格局。其次要落实规划与设计水平的高质量巩固提升，实现全体民众的高品质生活和城乡社会的高效能治理，以此来满足人民对美好生活的向往。同时，还要大力弘扬优秀建筑文化和城市精神品格，深入推进国际文化大都市建设。

要积极推进“生态文明目标下的可持续城市发展”的发展，坚持生态优先、绿色低碳的发展方向。追求人与自然和谐共生，尊重地域环境和资源气候禀赋，继承中国建筑文化的优秀传统，以生态文明思想为指导，贯彻新的城乡发展建设理念，坚持走生态优先、绿色低碳的发展道路，为中国的城市和乡村创造出更多“金山银山”和更加美好的“绿水青山”。在此基础上，继续把共同构建人与自然生命共同体作为更加远大的宏伟愿景，共同营造全人类可持续发展的生态文明和广阔城乡地域的品质生活，为实现“碳达峰”与“碳中和”的发展目标做出应有的努力。

要积极贯彻“加快数字中国建设”的行业新要求，努力推进生活数字化转型与践行人民城市的重要理念。在数字化城市和智慧建筑发展领域，要牢牢把握好安全和智慧两大发展要素，努力实现跨领域和跨行业融合，为我们的城乡建设和社会生活提供态势感知、监测预警等方面的安全底线和保障，还要提供实时响应和智慧赋能等方面的丰富场景和价值品质。要着力钻研数字建筑设计创新与迭代重构，从社会治理精准化、公共服务高效化、人民生活丰富多样化等更加宽广的思维和视野，加强在重要建筑产品领域、重大项目设计中的实践转化应用，使得我国的城市和建筑成为数字化建设的安全高效的物理平台和实施主体。与此同时，还要积极推进建筑设计技术从数字化到智能化再到智慧化，积极推动城市中生活、经济和治理现代化的技术进步。

今天，在七十周年之际，这本凝聚着华东院多年来的辛勤努力和丰硕成果的优秀作品得以结集出版，这些丰富多彩的精品力作，体现了华东院薪火传承的丰厚积淀和情怀，可以感受到一支具有责任担当和锐意进取的优秀队伍，正在创新探索的道路上不断奋发前进。七十年华章已经绘就，华东院以现代化城市建设和人民美好生活为己任，为祖国的建设发展和繁荣富强，奉献了一代代的青春和汗水，完成了许许多多的优秀作品，华东院的发展史也是描绘中国城市建设和人民生活欣欣向荣的增光添彩的一笔。展望未来，华东院将在新时代人民城市建设与城市高质量发展中，在七十年深厚积淀的基础上，全力践行国家战略，以不变的初心与担当，把握新机遇，开启新征程，迈上新台阶，续篇新辉煌！

顾伟华
党委书记，董事长
华东建筑集团股份有限公司
2022 年 5 月 19 日

目录

项目名录

I 空港枢纽

II 超高层综合体

III 高铁枢纽

IV 轨道交通上盖与立体城市

Ⅴ 城市中心区更新开发

Ⅵ 城市重点文化设施

Ⅶ 产业园区与总部办公

XI 文旅与特色小镇

XII 教育建筑

XIII 物流体育住宅

XIV 规划与城市设计

上海浦东国际机场二期工程

Shanghai Pudong International Airport Phase II

上海浦东国际机场二期工程（浦东国际机场T2航站楼及交通中心）建设总目标是建设一个枢纽型航空港，其要求是满足2015年年旅客量4000万人次，二期工程建设分为两个阶段，第一阶段先建设T2航站楼、交通中心、总体道路及相关的配套设施。

T2航站楼以连续大跨度曲线钢屋架为主要造型元素，构成了与一期航站楼的协调呼应关系，共同组成了浦东机场新的门户形象，暴露结构体系，舍弃繁复装饰，体现朴素典雅的审美情趣，通过对结构构件的比例、尺度和细节的精心设计，使之成为与使用者对话的重要建筑语汇，直接展示力量之美，暗合交通建筑高效、现代的精神内核，体现出绿色建筑所倡导的自然、节能的内涵。

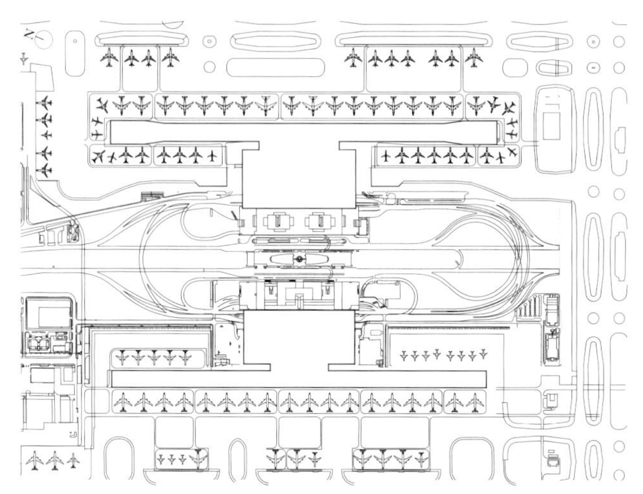

建设单位：上海浦东国际机场二期工程建设指挥部
用途：交通建筑
设计 / 竣工年份：2004 / 2007
项目进展阶段：完成
建设地点：上海市浦东新区
总建筑面积：550000m²
用地面积：140000m²
年旅客量：40000000 人次
主体建筑结构形式：钢筋混凝土框架，钢结构屋盖
主要外装修材料：铝板、玻璃、石材

Client: Pudong International Airport Phase II Construction Headquarter
Purpose: transportation building
Design / Completion year: 2004 / 2007
Project phase: completed
Location: Pudong New District, Shanghai
Total floor area: 550,000 m²
Site area: 140,000 m²
Annual passenger volume: 40,000,000
Main structure: reinforced concrete frame, steel truss system
Main exterior decoration materials: aluminum panel, glass, stone

1 空侧指廊室外实景
2 总平面示意

3 T2 航站楼出发层大厅 1
4 T2 航站楼出发层大厅 2
5 T2 航站楼候机区
6 陆侧进场路夜间实景

空港枢纽

上海虹桥综合交通枢纽和西航站楼

Shanghai Hongqiao Comprehensive Transport Hub & West Terminal

上海虹桥综合交通枢纽集航空、城际铁路、高速铁路、轨道交通、长途客运、市内公交等64种连接方式、56种换乘模式于一体，是当前世界上最复杂、规模最大的综合交通枢纽。

枢纽形成水平向“五大功能模块”（由东至西分别是虹桥机场T2航站楼、东交通广场、磁悬浮车站、高铁车站、西交通广场）；垂直向“三大步行换乘通道”（由上至下分别是12m出发换乘通道、6m机场到达换乘通道、-9m地下换乘大通道层）的枢纽格局。

新建虹桥机场T2西航站楼，设计旅客年吞吐量为本期2100万人次，远期3000万人次。采用前列式办票柜台、前列式安检区、指廊式候机区，旅客等候空间适宜，流程便捷，方向明确，步行距离短；商业空间与旅客流程结合紧密，相得益彰。

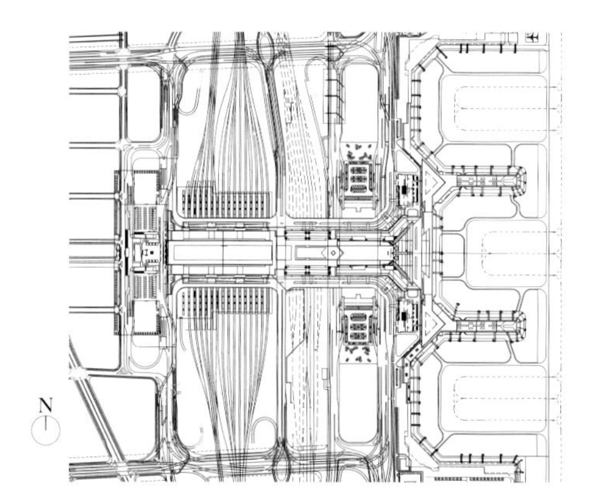

1 西航站楼出发车道边
2 总平面示意
3 鸟瞰

建设单位：上海机场（集团）有限公司
用途：交通建筑
设计 / 竣工年份：2006/2010
项目进展阶段：完成
建设地点：上海市长宁区、闵行区
总建筑面积：1400000m²
用地面积：225530m²
年旅客量：30000000 人次（航站楼），枢纽日均旅客量 1100000 人次
主体建筑结构形式：钢筋混凝土框架，钢结构
主要外装修材料：铝板、玻璃、清水混凝土

Client: Shanghai Airport (Group) Co., Ltd
Purpose: transportation building
Design / Completion year: 2006/2010
Project phase: completed
Location: Changning District, Minhang District, Shanghai
Total floor area: 1,400,000 m²
Site area: 225,530 m²
Annual passenger volume: 30,000,000 (terminal building), 1,100,000 (average daily passenger volume of the HQ Transportation Hub)
Main structure: reinforced concrete frame, steel structure
Main exterior decoration materials: aluminum panel, glass, plain concrete

南京禄口国际机场二期航站区工程

Nanjing Lukou International Airport Phase II Terminal Area Project

南京禄口国际机场位于南京市东南部，T2航站楼的目标处理旅客量为每年1800万人次。

设计注重合理功能布局与空间形式的结合。一体化屋盖的造型及其营造的室内空间体现了机场的门户形象，T2航站楼的施工和运行不影响T1航站楼的使用，同时新建的交通中心衔接现有的T1航站楼，形成连续、完整的陆侧形象。工程获得了绿色三星设计及运行认证，完善的设计力求将南京禄口国际机场建设成为高品质的环保节能型枢纽机场。

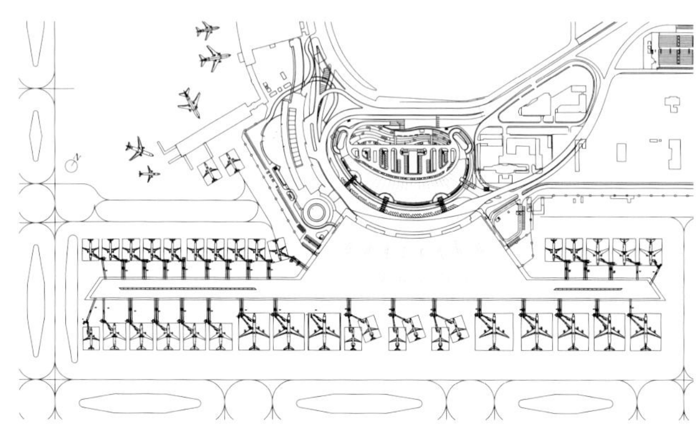

建设单位：南京禄口国际机场二期工程建设指挥部
用途：交通建筑
设计 / 竣工年份：2010/2014
项目进展阶段：完成
建设地点：江苏省南京市江宁区
总建筑面积：236935m^2（航站楼），114515m^2（交通中心）
用地面积：111400m^2（航站楼），49349m^2（交通中心）
设计年旅客量：18000000 人次
主体建筑结构形式：钢筋混凝土框架，钢结构
主要外装修材料：铝板、玻璃、石材

Client: Nanjing Lukou International Airport Phase II Project Construction Headquarters
Purpose: transportation building
Design / Completion year: 2010/2014
Project phase: completed
Location: Jiangning District, Nanjing, Jiangsu Province
Total floor area: 236,935 m^2 (terminal building); 114,515 m^2 (ground transportation center)
Land area: 111,400 m^2 (terminal building); 49,349 m^2 (ground transportation center)
Design annual passenger volume: 18,000,000
Main building structure: reinforced concrete frame and steel structure
Main exterior decoration materials: aluminum panel, glass, stone

1 候机指廊
2 总平面示意

3 换乘中心
4 候机室
5 出发车道边
6 交通中心综合体
7 陆侧外景

烟台蓬莱国际机场航站楼及停车库工程

Yantai Penglai International Airport－Terminal & Garage

新建烟台潮水机场航站楼工程是为适应烟台航空运输业发展的迫切需求，是实施烟台航空大机场战略的需要。

烟台潮水机场航站楼造型构思来源于宽广的大海，结合丘陵的起伏地形，依山就势，逐级上台；在造型理念的表现上，通过主楼与指廊的一体化设计让整个造型完整、连续；屋面采用新颖独特的层层叠置的形式，恰似荡漾海水的阵阵浪涌，又似落潮时的层层沙滩，展现着烟台的海之四季。

1 空侧长廊机坪实景

2 总平面示意

建设单位：烟台潮水机场工程建设有限公司
用途：交通建筑
设计 / 竣工年份：2010/2015
项目进展阶段：完成
建设地点：山东省烟台市蓬莱区
总建筑面积：108020m^2
用地面积：60223m^2
年旅客量：6500000 人次
主体建筑结构形式：钢筋混凝土框架，桁架网架一体化空间曲面屋盖
主要外装修材料：蜂窝单层铝板、玻璃、石材

Client: Yantai Chaoshui Airport Project Construction Co., Ltd.
Purpose: transportation building
Design / Completion year: 2010/2015
Project phase: completed
Location: Penglai District, Yantai, Shandong Province
Total floor area: 108,020 m^2
Land area: 60,223 m^2
Annual passenger volume: 6,500,000
Main building structure: reinforced concrete frame, space curved integrated steel truss roof system
Main exterior decoration materials: cladding honeycomb aluminum panel, glass, stone

3 陆侧进场鸟瞰实景

4 空侧实景

港珠澳大桥珠海口岸和澳门口岸

Zhuhai & Macao Ports of the Hong Kong-Zhuhai-Macao Bridge (HZMB)

1 港珠澳人工岛鸟瞰
2 珠海口岸总平面示意
3 珠海口岸环形金属大屋面

本项目是粤港澳三地大型跨界衔接工程，采取海上人工填岛建筑模式，以及国内首创的“粤港澳”三地通关模式和“一地两检”的背靠背联检模式。

珠海口岸包括珠港旅检大楼、珠澳旅检大楼、出入境车检区、货检区各查验配套用房、交通换乘中心等，聚焦高效合理的客运道路系统和旅客换乘组织等功能布局，以及未来可持续发展策略。主体建筑造型为一体化的大跨度三维曲面金属屋盖，寓意“一地三通，如意牵手”。

澳门口岸包括旅检大楼，境内、境外停车楼和总体配套工程。布局紧凑，关系清晰，集约化的交通布局规划实现车辆、旅客高效通关。整体造型维持珠澳口岸“中华如意”造型，象征三地人民吉祥如意、国泰民安。

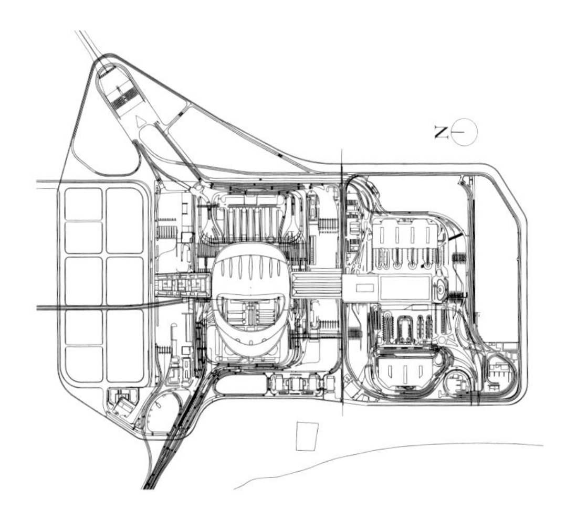

建设单位：珠海格力港珠澳大桥珠海口岸建设管理有限公司（珠海口岸）
澳门特别行政区建设发展办公室（澳门口岸）
澳门口岸合作设计单位：陈炳华建筑顾问有限公司、博汇建筑工程顾问有限公司、巴马丹拿建筑及工程师有限公司澳门分公司、世界工艺电机工程设计有限公司、甄氏建筑结构顾问有限公司、华达行消防防盗工程有限公司、上海市政工程设计研究总院（集团）有限公司、新域城市规划暨工程顾问有限公司、乘风土木工程顾问有限公司、梁颂衍建筑师
用途：交通建筑
设计 / 竣工年份：2013/2018
项目进展阶段：完成
建设地点：广东省珠海市香洲区
总建筑面积：520000m^2（珠海口岸），627762m^2（澳门口岸）
用地面积：1073000m^2（珠海口岸），716100m^2（澳门口岸）
主体建筑结构形式：大跨度钢结构双层网壳结构（珠海口岸）；钢筋混凝土框架和钢结构（澳门口岸）
主要外装修材料：铝板、玻璃（珠海口岸）；铝板、清水混凝土（澳门口岸）

Clients: Zhuhai Gree Hong Kong-Zhuhai-Macao Bridge Zhuhai Port Construction Management Co., Ltd. (Zhuhai Port); Macao Special Administrative Region Construction and Development Office (Macao Port)
Design partners (Macao Port): JPC Consultadoria de Arquitectura Limitada, BLA Consultores de Arquitectura e Engenharia Lda., P&T Architects and Engineers Ltd. Macau Branch, ATLASTEC Projectos de Engenharia Electromcancia Lda., JAN Consultores de Engenharia Lda., VA TAT HONG projectos de Engenharia Electromcancia Lda., Shanghai Municipal Engineering Design Institute (Group) Co., Ltd., CAA City Planning & Engineering Consultants Ltd., Civil Engineering Consultants Co. Limited., Ben, Leong Chong in Arquitecto
Purpose：transportation building
Design/Completion year: 2013/2018
Project phase: completed
Location: Xiangzhou District, Zhuhai, Guangdong Province
Total floor area: 520,000 m^2 (Zhuhai Port), 627,762 m^2 (Macao Port)
Land area: 1,073,000 m^2 (Zhuhai Port), 716,100 m^2 (Macao Port)

上海虹桥国际机场T1航站楼改造及交通中心工程

空港枢纽

Shanghai Hongqiao International Airport T1 Renovation and Transportation Centre Project

上海虹桥国际机场T1航站楼改造及交通中心工程，位于上海市长宁区虹桥T1航站区内。航站区外部景观环境采用一体化外部空间的概念。在建筑外部空间界面、景观设计上，充分考虑与建筑、环境的融合度，形成整体过渡的空间序列。航站楼建筑功能设计着重考虑人性化体验，始终以旅客为出发点，提供方便、快捷、舒适的航空体验。

虹桥原有航站区是经历了不同年代逐步建设发展起来的，承载了深厚的历史记忆与文脉。方案设计汲取既有建筑中的设计元素，通过现代设计手法的重新演绎，表达对原有建筑形式的传承与延续。

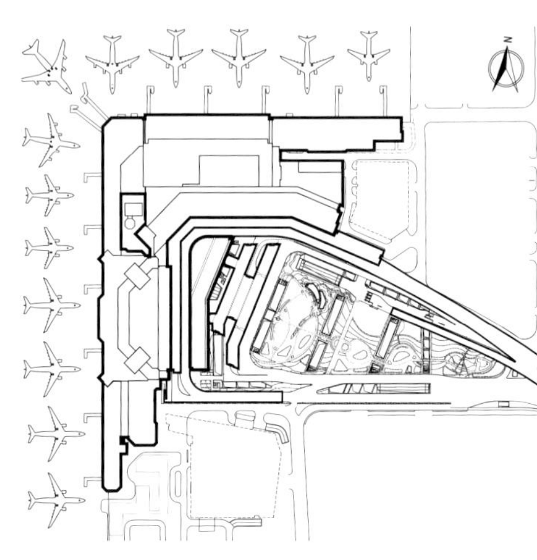

建设单位：上海机场（集团）有限公司
用途：交通枢纽
设计 / 竣工年份：2012/2018
项目进展阶段：完成
建设地点：上海市长宁区
总建筑面积：131845m^2（航站楼），71901mm^2（交通中心）
用地面积：4471734m^2
年旅客量：10000000 人次
主体建筑结构形式：钢筋混凝土框架
主要外装修材料：铝板、玻璃

Client: Shanghai Airport (Group) Co., Ltd.
Purpose: transportation building
Design / Completion year: 2012/2018
Project phase: completed
Location: Changning District, Shanghai
Total floor area: 131,845 m^2 (terminal building), 71,901 m^2 (ground transportation center)
Land area: 4,471,734 m^2
Annual passenger volume: 10,000,000
Main building structure: reinforced concrete frame
Main exterior decoration materials: aluminum plate, glass

1 航站楼夜景
2 总平面示意

3 联检大厅实景
4 出发大厅实景
5 出发车道边实景

空港枢纽

浦东国际机场南航站区卫星厅

Pudong International Airport South Terminal Station Satellite Hall

本工程的建设目标是为了提升浦东国际机场现有航站楼设施，缓解机位需求的压力，进一步实现航空业务量增长，有效地促进长三角地区综合交通一体化发展和区域经济联动。

设计遵循功能优先、舒适实用、安全可靠、技术成熟的原则进行，通过建筑空间的穿插组合，形成明确的空间导向，使复杂的功能形成一个有机的整体。项目采用简洁明快、成熟可靠的混凝土屋面，通过多层次、层层退进的变化，形成独具特点的建筑形式。结合带形侧窗，与自然采光、自然通风等有针对性的节能措施紧密结合，确保了建筑的安全可靠、低碳运行。

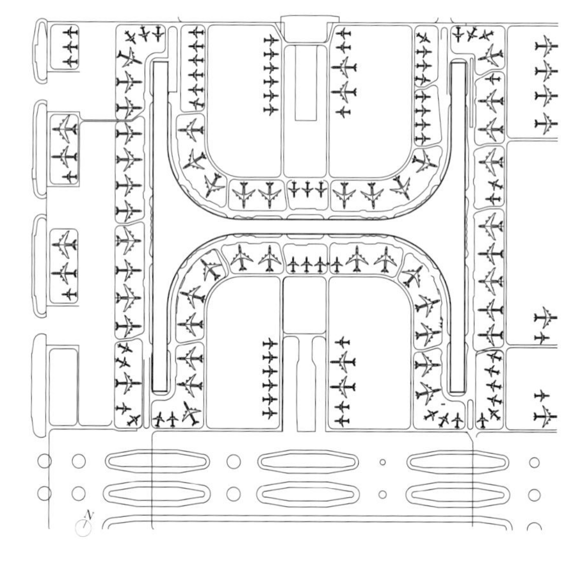

1 外景
2 总平面示意

建设单位：上海机场（集团）有限公司
用途：交通建筑
设计 / 竣工年份：2013/2019
项目进展阶段：完成
建设地点：上海市浦东新区
总建筑面积：621123m²
用地面积：3447700m²
年旅客量：38000000 人次
主体建筑结构形式：钢筋混凝土框架
主要外装修材料：铝板、玻璃、清水混凝土

Client: Shanghai Airport (Group) Co., Ltd.
Purpose: transportation building
Design/Completion year: 2013/2019
Project phase: completed
Location: Pudong New District, Shanghai
Total floor area: 621,123 m²
Land area: 3,447,700 m²
Annual passenger volume: 38,000,000
Main building structure: reinforced concrete frame
Main exterior decoration material: aluminum panel, glass, plain concrete

3 鸟瞰
4 卫星厅 S1 中庭内景
5 卫星厅 S2 中庭内景

宁波栎社国际机场T2航站楼及交通中心工程

空港枢纽

Ningbo Lishe International Airport T2 & GTC

宁波栎社国际机场为国内重要的干线机场，是民用航空大型机场，远期规划为大型区域性枢纽机场。T2航站楼与T1航站楼无缝衔接，成为一体化的航站楼，共同承担1200万人次的设计年旅客吞吐量。T2航站楼兼具国际和国内出发和到达功能，设计年旅客吞吐量达900万人次。

新建T2航站楼的曲线造型为空侧近远机位提供了站坪资源，近远机位之间规划两条站坪滑行通道。航站楼地下1层，地上3层，总高度37m，建筑面积112410m^2。航站楼南面为交通中心，连接航站楼及地铁，承上启下。T2主楼布置菱形天窗，指廊布置顺应形态的条形天窗。核心区道路交通系统是双循环布置方案，维持现状T1循环系统不变，新建T2航站楼前的道路循环系统。

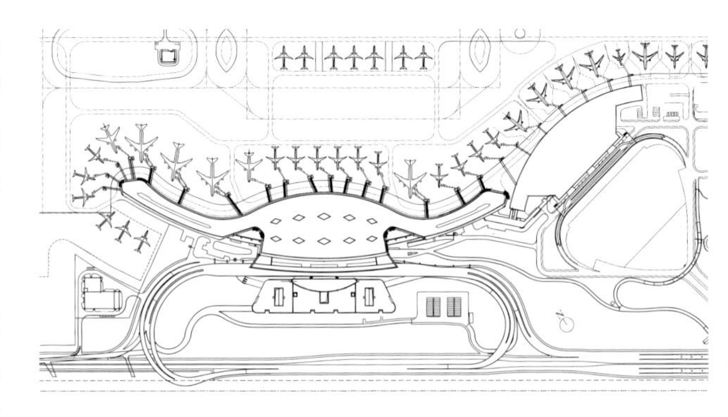

1 到达层
2 总平面示意

建设单位：宁波机场与物流园区投资发展有限公司
合作设计单位：上海民航新时代机场设计研究院有限公司（空侧飞行区规划设计、航站区市政系统及景观、行李系统及弱电智能化系统）
用途：交通建筑
设计 / 竣工年份：2012/2020
项目进展阶段：完成
建设地点：浙江省宁波市海曙区
总建筑面积：165290m^2
用地面积：139732m^2
年旅客量：9000000 人次
主体建筑结构形式：钢筋混凝土框架，曲面空间网格钢屋盖
主要外装修材料：玻璃、铝板幕墙

Client: Ningbo Airport and Logistics Park Investment Development Co., Ltd.
Design Partner: Shanghai Civil Aviation New Times Airport Design Academy Co., Ltd. (airside planning and design, terminal area road traffic, municipal and landscape design, baggage handling system, ELV Systems)
Purpose: transportation building
Design/Completion year: 2012/2020
Project phase: completed
Location: Haishu District, Ningbo, Zhejiang Province
Total floor area: 165,290 m^2
Land area: 139,732 m^2
Annual passenger volume: 9,000,000
Main structure: reinforced concrete frame, steel truss system
Main exterior decoration materials: aluminum panel, glass

3 鸟瞰
4 航站楼出发大厅办票岛
5 入口层
6 国际候机厅

上海浦东国际机场T3航站楼及交通枢纽

Shanghai Pudong International Airport T3 and Transport Hub

上海浦东国际机场T3航站区位于既有航站区南侧，建成后将与捷运、轨道交通，以及T1、T2、卫星厅一体化运作。在此基础上，整合上海东站，通过市域、轨道交通、地铁等系统共同形成浦东综合交通枢纽，成为整个长三角地区发展的持续引擎。

项目设计巧妙契合场地条件，将国际主楼前置，国内主楼环形布局，形成双主楼、一个交通中心的一体化布局模式。航站楼外轮廓笔直，内部体量则较为圆润，不同体量的建筑曲线与直线相结合，形成一组简洁优雅、刚柔相济、和谐共生的建筑群体，彰显了上海务实理性的城市精神。室内空间与建筑造型一体化设计，通过细致处理和空间小品的精心营造，体现了精致的城市文化气质。

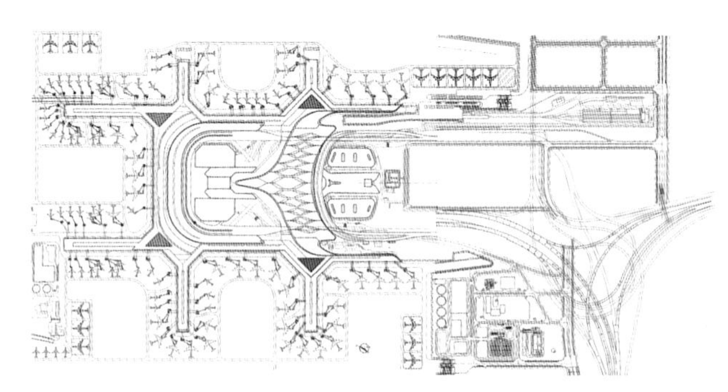

1 T3 航站楼国际主楼及交通中心效果图
2 T3 航站楼总平面示意

建设单位：上海机场（集团）有限公司
合作设计单位：Strategic Planning Services, Inc.（飞行区规划及构型概念研究）
用途：交通建筑
设计年份：2018
项目进展阶段：设计阶段
建设地点：上海市浦东新区
总建筑面积：900000m^2（航站楼），600000m^2（交通中心）
用地面积：7808814m^2
年旅客量：50000000 人次
主体建筑结构形式：钢筋混凝土框架
主要外装修材料：铝板、玻璃

Client: Shanghai Airport (Group) Co., Ltd.
Design partner: Strategic Planning Services, Inc. (airside planning research, configuration and conceptual scheme)
Purpose: transportation building
Design year: 2018
Project phase: designing
Location: Pudong New District, Shanghai
Total construction area: 900,000 m^2 (terminal building); 600,000 m^2 (ground transportation center)
Land area: 7,808,814 m^2
Annual passenger volume: 50,000,000
Main building structure: reinforced concrete frame
Main exterior decoration material: aluminum panel, glass

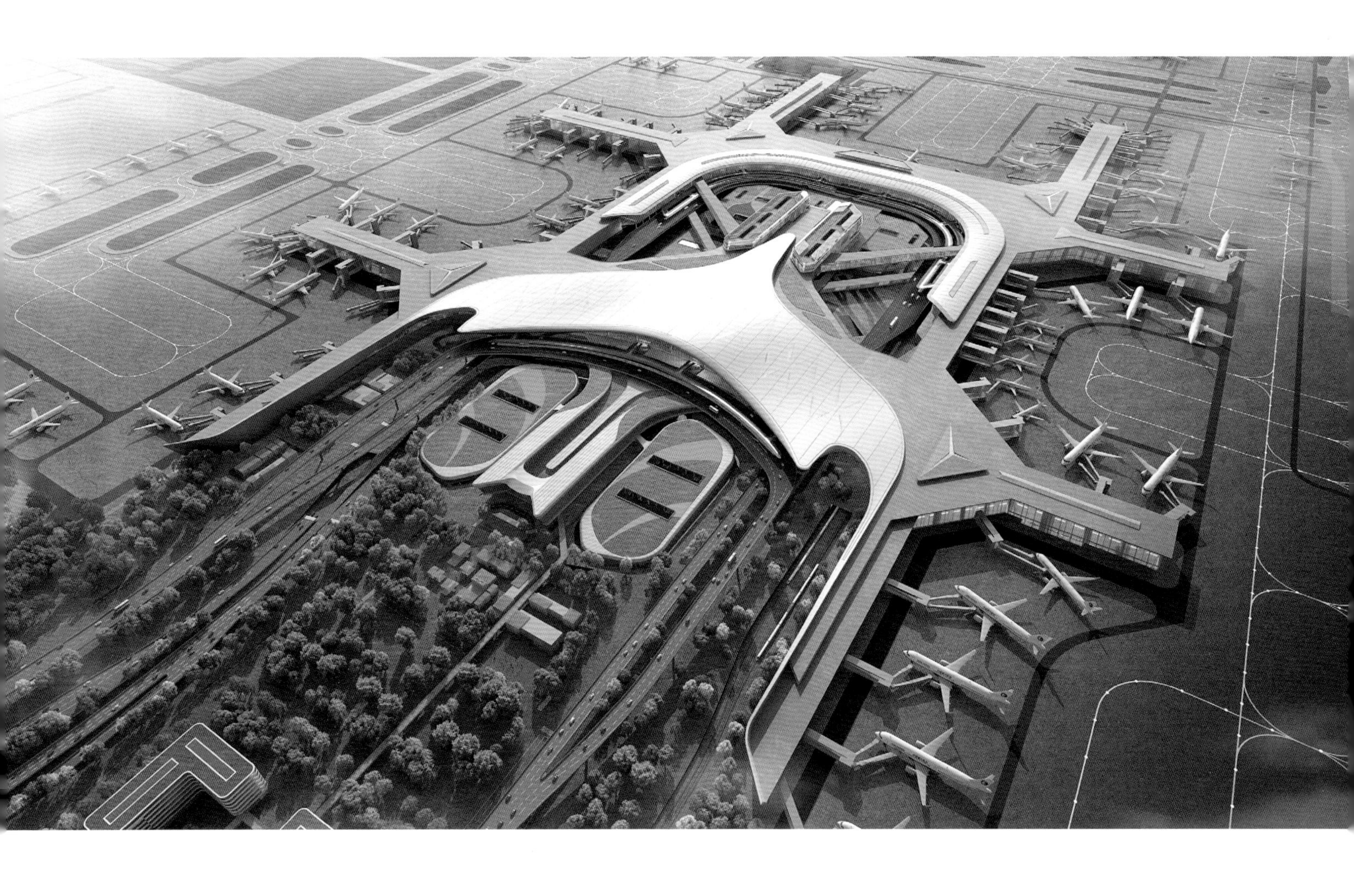

3 T3 航站楼及交通中心鸟瞰
4 T3 航站楼出发车道边效果图

昆明长水国际机场T2航站楼及综合交通枢纽

空港枢纽

Kunming Changshui International Airport T2 Building and Comprehensive Transport Hub

昆明长水国际机场改扩建工程既是国家和民航局“十三五”规划重点工程，也是云南省重点工程。它将成为连接中国、东南亚、南亚的国际性门户机场和服务一带一路建设的国际大通道枢纽，以及完善云南综合大交通体系建设、促进区域经济社会发展的新动力引擎。

昆明长水机场T2航站楼主楼设计年旅客量为6700万人次，空侧将通过捷运系统与S2卫星厅相联系，陆侧则结合高铁等多种交通方式打造综合交通体系。作为国内领先的超大型综合交通枢纽，规划设计各方面都采用了先进的设计理念和人性化的设计策略。

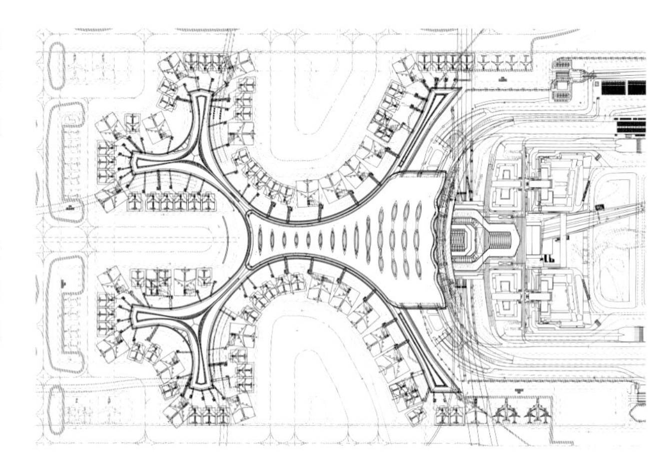

建设单位：云南机场集团有限责任公司
合作设计单位：中国中铁二院工程集团有限责任公司（航站区道路交通及市政配套设计）、M. Arthur Gensler Jr. & Associates, Inc.（前期造型概念方案合作）、美国兰德隆与布朗环球服务公司（飞行区规划及构型概念研究、人流模拟）、上海民航新时代机场设计研究院有限公司（飞行区、航站区规划咨询）
用途：交通建筑
设计年份：2019
项目进展阶段：设计阶段
建设地点：云南省昆明市官渡区
总建筑面积：730000m^2（航站楼），80000m^2（综合交通枢纽），309000m^2（停车库）
用地面积：7808814m^2
年旅客量：近期 42000000 人次，远期 67000000 人次
主体建筑结构形式：钢筋混凝土框架，钢结构
主要外装修材料：铝板、玻璃

Client: Yunnan Airport Group Co., Ltd.
Design Partners: China Railway Eryuan Engineering Group Co., Ltd. (road traffic and municipal design in terminal area); M. Arthur Gensler Jr. & Associates, Inc. (cooperation of preliminary modeling scheme concept); LANDRUM & BROWN WORLDWIDE SERVICES, LLC (airside planning research, configuration conceptual scheme and pedestrian flow simulation); Shanghai Civil Aviation New Times Airport Design Academy Co., Ltd. (planning consultation of airside and terminal area)
Purpose: transportation building
Design year: 2019
Project phase: design
Location: Guandu District, Kunming, Yunnan Province
Total floor area: 730,000 m^2 (terminal building); 80,000 m^2 (ground transportation center), 309,000 m^2 (parking garage)
Land area: 7,808,814 m^2
Annual passenger volume: 42,000,000 (short-term); 67,000,000 (long-term)
Main building structure: reinforced concrete frame, steel structure
Main exterior decoration materials: aluminum panel, glass

1 全景鸟瞰效果图
2 总平面示意

3 中轴线鸟瞰
4 国内出发大厅效果图
5 车道边透视
6 国际出发大厅效果图
7 正立面局部鸟瞰

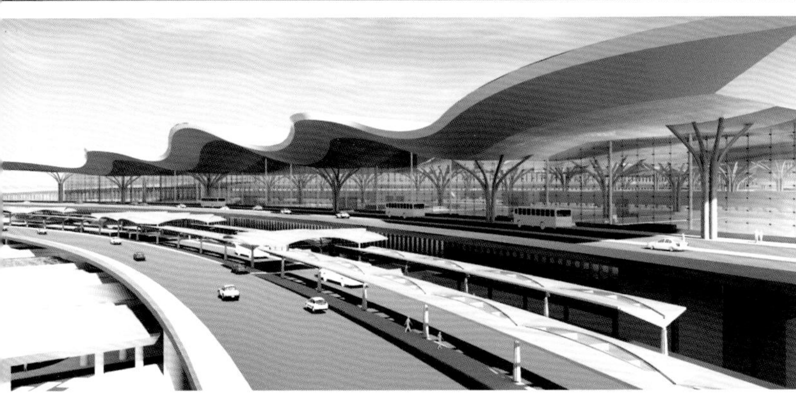

空港枢纽

合肥新桥国际机场二期扩建工程

Hefei Xinqiao International Airport Terminal 2 & GTC

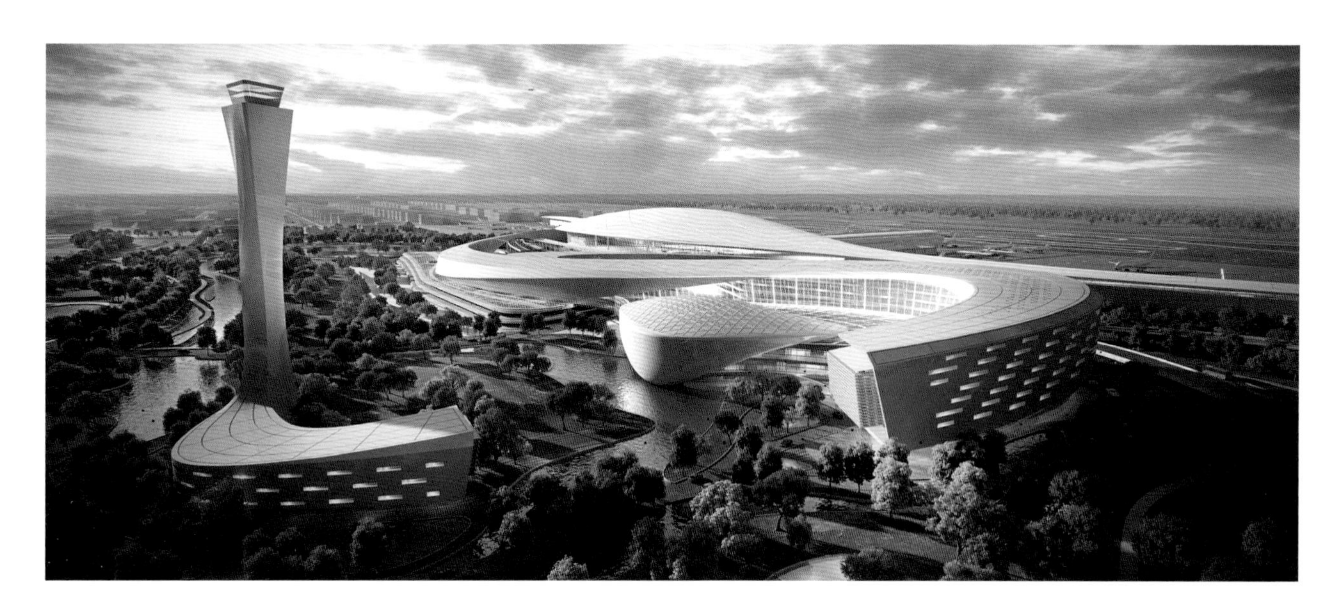

合肥新桥国际机场作为长三角机场群的重要区域枢纽机场，本期包括新建T2航站楼、楼前综合交通中心等。建设目标年为2030年，机场年旅客吞吐量为3000万人次，综合交通中心地下设有城际和地铁双线立体换乘。

整体设计最大限度保留水体，营造园林景观，在贯穿场区的动态开放轴线控制下，结合航站区自然形态的宝葫芦构型，形成开合有序、藏宝其间的动态空间；建筑设计采用光伏玻璃、悬井天窗采光通风、表皮式外遮阳等技术手法建造低碳节能的园林机场；根据航空枢纽功能空间和旅客流程，系统化、序列化地融入“科技安徽”概念，展现徽风皖韵和未来城市特质。

1 整体鸟瞰
2 总平面示意

建设单位：安徽民航机场集团有限公司
合作设计单位：美国兰德隆与布朗环球服务公司（飞行区规划研究）、上海市政工程设计研究总院（集团）有限公司（市政及交通）、中国航空规划设计研究总院有限公司（前期概念方案配合）
用途：交通建筑
设计年份：2019
项目进展阶段：在建
建设地点：安徽省合肥市蜀山区
总建筑面积：550000m^2
用地面积：1096720m^2
年旅客量：30000000 人次
主体建筑结构形式：钢筋混凝土框架，曲面空间网格钢屋盖
主要外装修材料：铝板、玻璃、石材

Client: Anhui Civil Aviation Airport Group Co., Ltd.
Design Partners: LANDRUM & BROWN WORLDWIDE SERVICES, LLC (airside planning research, configuration conceptual scheme); Shanghai Municipal Engineering Design Institute (Group) Co., Ltd. (road traffic and municipal design); China Aviation Planning and Design Institute (Group) Co., Ltd. (concept scheme design support)
Purpose: transportation building
Design year: 2019
Design/Completion year: 2019/2025
Project phase: under construction
Location: Shushan District, Hefei, Anhui Province
Total floor area: 550,000 m^2
Land area: 1,096,720 m^2
Annual passenger volume: 35,000,000
Main building structure: reinforced concrete frame, steel truss system
Main exterior decoration materials: aluminum panel, glass, stone

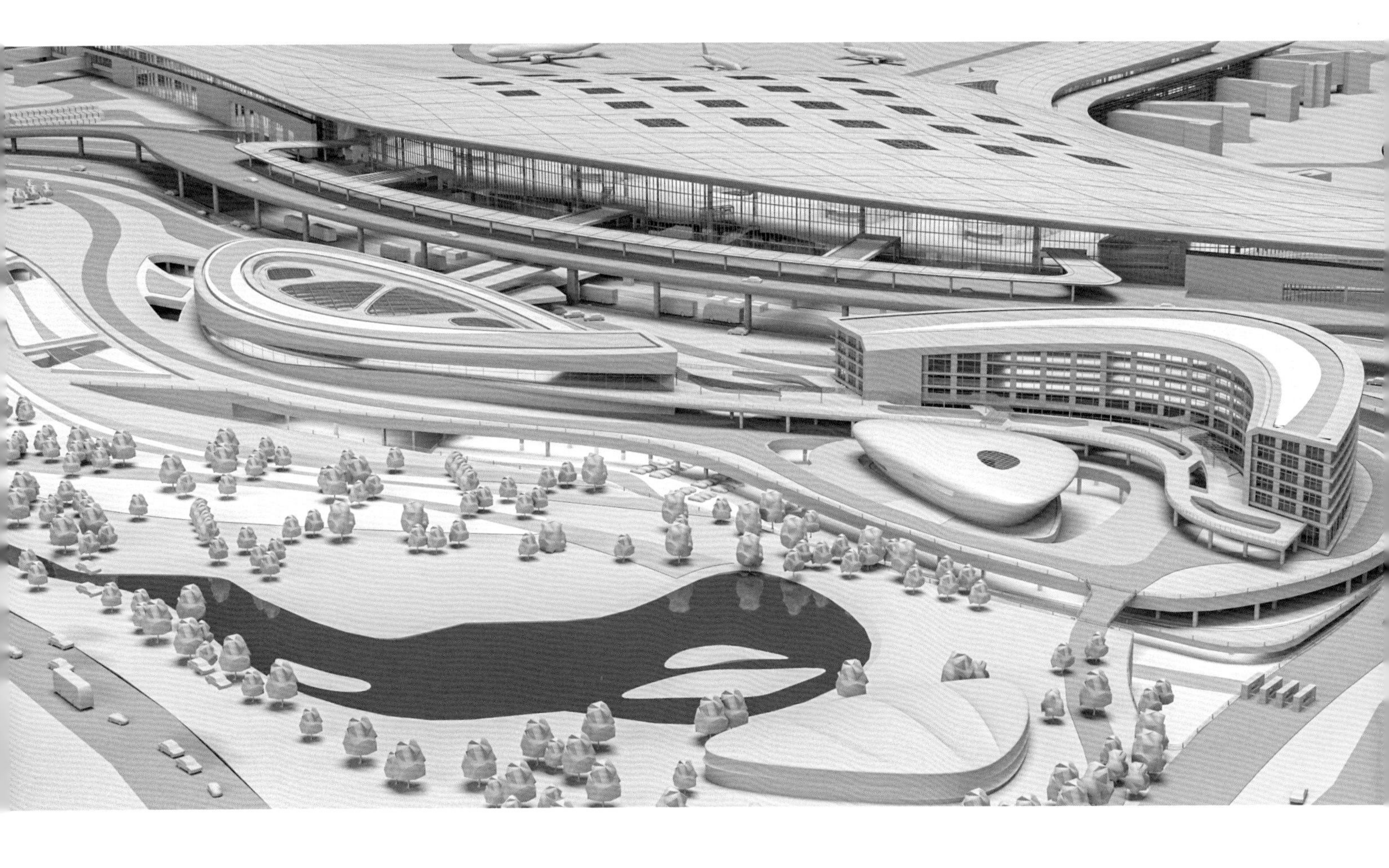

3 整体透视图
4 远期鸟瞰
5 本期鸟瞰

杭州萧山国际机场三期工程

——新建航站楼及陆侧交通中心

Hangzhou Xiaoshan International Airport Phase III - New Terminal and GTC

杭州萧山国际机场三期扩建工程是2022年亚运会的重要基础配套项目。面对有限的用地和复杂的不停运建设条件，以新建T4航站楼为主体，将轨道交通高铁停车一体化的交通中心、配套酒店办公等综合开发设施及现状航站楼有机地整合在一起。采用新老航站楼东西围合、轨道交通高铁南北对置、交通中心居中连接、停车开发竖向发展、进离场路双侧备份的构型，通过空侧的围合贯通及陆侧的便捷联系，最大限度地挖掘现有场地潜力，构建功能全面融合的航空综合交通枢纽，打造新颖的空港形象。

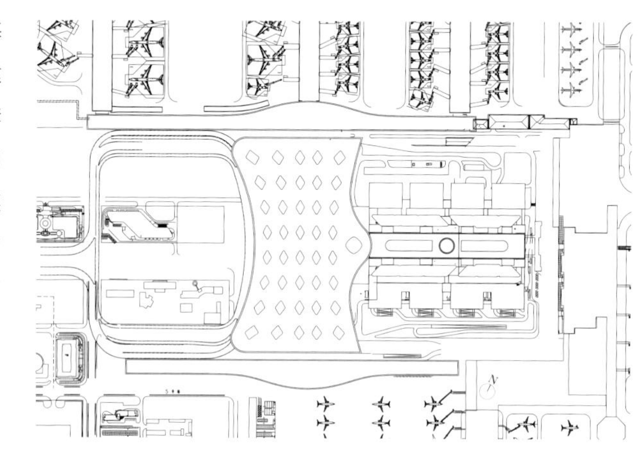

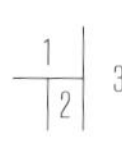

1 航站区鸟瞰实景
2 总平面示意
3 荷花谷

建设单位：杭州萧山国际机场有限公司
合作设计单位：浙江省建筑设计研究院（部分区域、子项初步及施工图设计）、兰德隆与布朗交通技术咨询（上海）有限公司（飞行区规划研究及构型概念研究）、中铁第四勘察设计院集团有限公司（高铁土建预留工程）、上海市政工程设计研究总院（集团）有限公司（市政及交通）、上海民航新时代机场设计研究院有限公司（飞行区工程）
用途：交通建筑
设计年份：2017
项目进展阶段：完成
建设地点：浙江省杭州市萧山区
总建筑面积：1400000m^2
用地面积：2166290m^2
设计年旅客量：50000000 人次
主体建筑结构形式：钢筋混凝土框架，钢管分叉柱大屋盖—封边桁架—网架一体化的曲面空间结构体系
主要外装修材料：蜂窝铝板、铝板、玻璃、石材、预制清水混凝土

Client: Hangzhou Xiaoshan International Airport Co., Ltd.
Design Partners: Zhejiang Province Institute of Architectural Design and Research (preliminary and construction drawing design for part of the area); Landrum & Brown Transportation Technology Consulting (Shanghai) Co., Ltd. (airside planning research, configuration conceptual scheme); China Railway Siyuan Survey and Design Group Co., Ltd. (high speed railway station design); Shanghai Municipal Engineering Design Institute (Group) Co., Ltd. (road traffic and municipal supporting design); Shanghai Civil Aviation New Times Airport Design Academy Co., Ltd. (airside planning and design)
Purpose: transportation building
Design year: 2017
Project phase: completed
Location: Hangzhou Xiaoshan International Airport, Zhejiang
Total floor area: 1,400,000 m^2
Land area: 2,166,290 m^2
Design annual passenger volume: 50,000,000
Main building structure: reinforced concrete frame, comprises truss and grid frame structure system
Main exterior decoration materials: aluminum panel, cladding honeycomb aluminum panel, glass, stone, precast plain concrete

乌鲁木齐国际机场北航站区扩建工程

Urumqi International Airport North Terminal Area

乌鲁木齐国际机场作为国家“一带一路”国际战略实施的重要交通节点，战略定位为连接亚欧、面向中西亚的国际航空枢纽。本期北航站区扩建工程满足年旅客吞吐量4800万人次，包括航站楼、交通中心等。

造型尊重当地文脉，从大漠、雪山等新疆特有的大地景观中提取元素，以“天山”为母题形成航站楼的主体形象；以“丝路”为灵感来源，结合室内功能需求，在屋顶上设置了层层掀开的天窗，在给室内带来均匀柔和采光的同时，又在连绵的屋面上形成丝带掀起般的灵动效果，丰富了造型层次；平直的指廊更加衬托出主楼“丝路天山”的磅礴气势。

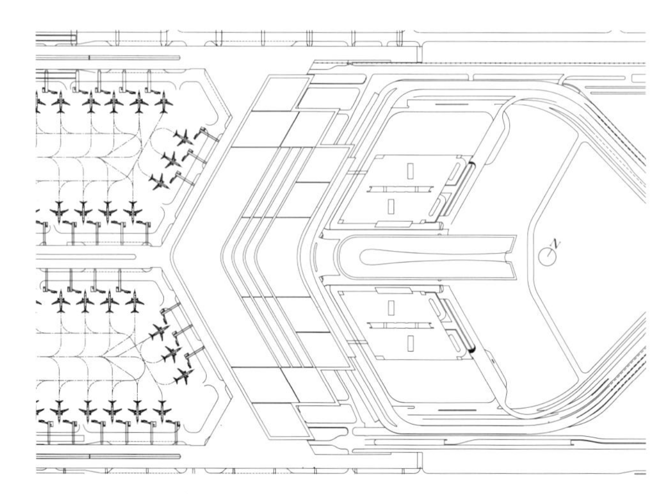

建设单位：乌鲁木齐临空开发建设投资集团有限公司
合作设计单位：Netherlands Airport Consultants B.V（飞行区规划研究）、上海市政工程设计研究总院（集团）有限公司（市政及交通）
用途：交通建筑
设计年份：2016
项目进展阶段：在建
建设地点：新疆维吾尔自治区乌鲁木齐市新市区
总建筑面积：500090m^2（航站楼）、344590m^2（交通中心及停车库）
用地面积：206210m^2
年旅客量：48000000 人次
主体建筑结构形式：钢筋混凝土框架、空间曲面网格钢屋盖
主要外装修材料：铝板、玻璃、石材

Client: Urumqi Linkong Development and Construction Investment Group Co., Ltd.
Design partners: Netherlands Airport Consultants B.V., Shanghai Municipal Engineering Design Institute (Group) Co., Ltd.
Purpose: transportation building
Design year: 2016
Project phase: under construction
Location: Urumqi, Xinjiang Uygur Autonomous Region
Total floor area: 500,090 m^2 (terminal building), 344,590 m^2 (ground transportation center and parking garage)
Land area: 206,210 m^2
Annual passenger volume: 48,000,000
Main building structure: reinforced concrete frame, steel space curved mesh system
Main exterior decoration material: aluminum panel, glass, stone

1 航站区鸟瞰效果图
2 总平面示意

3 航站区远期鸟瞰效果图
4 国际集中商业区效果图
5 值机大厅效果图

空港枢纽

呼和浩特新机场航站区工程

Hohhot New Airport Terminal Area Project

呼和浩特新机场作为面向蒙俄的区域枢纽机场，按照年旅客吞吐量2800万人次规划。航站楼采取曲线构型。航站楼地下1层、地上3层，自上而下分别是出发值机办票及国际出发候机层、国内混流及国际到达层、站坪层、地下机房及设备管廊层。

航站楼主楼设计采用了马鞍造型，寓意着“雕花的马鞍”，承载着草原民族的光荣与梦想。在四翼航站楼指廊的衬托下熠熠生辉。“马鞍”将草原民族驰骋四海的梦想同枢纽机场汇通八方的功能完美结合。航站楼指廊宛如吉祥的哈达，同时向空侧四个方向水平舒展，有效控制了步行距离，亲切的空间高度谦逊地烘托了马鞍主体形象。

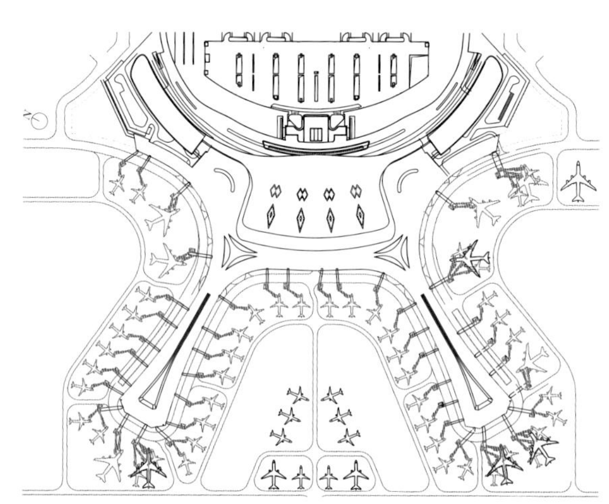

建设单位：呼和浩特机场建设管理投资有限责任公司
合作设计单位：美国兰德隆与布朗交通技术咨询（上海）有限公司（飞行区规划研究）、上海市政工程设计研究总院（集团）有限公司（市政及交通）
用途：交通建筑
设计年份：2018
项目进展阶段：在建
建设地点：呼和浩特市和林格尔新区巧尔什营
总建筑面积：615000m^2
用地面积：224887m^2
年旅客量：28000000 人次
主体建筑结构形式：钢筋混凝土框架，桁架及网架钢屋盖
主要外装修材料：蜂窝铝板、铝板、玻璃、石材、预制清水混凝土

Client: Hohhot Airport Construction and Investment Group Co., Ltd.
Design partners: Landrum & Brown Transportation Technology Consulting (Shanghai) Co., Ltd. (airside planning research, configuration conceptual scheme); Shanghai Municipal Engineering Design Institute (Group)Co., Ltd. (road traffic and municipal design)
Purpose: transportation building
Design year: 2018
Project phase: under construction
Location: Qiaoershying Village, Helingle New District, Hohhot, Inner Mongolia
Total floor area: 615,000 m^2
Land area: 224,887 m^2
Annual passenger volume: 28,000,000
Main building structure: reinforced concrete frame, comprises steel truss system and grid frame roof structure system
Main exterior decoration materials: cladding honeycomb aluminum panel, aluminum panel, glass, stone, precast plain concrete

1 航站楼鸟瞰效果图
2 总平面示意
3 航站楼主楼室内效果图
4 整体鸟瞰效果图

萨摩亚法莱奥洛国际机场改扩建工程

Samoa Faleolo International Airport Terminal Upgrade Project

本工程包括航站楼、登机桥，以及能源中心和停车场等附属设施。高效舒适、地域性、时代感与标志性是该机场航站楼设计要求的关键点，主要的设计理念是为萨摩亚提供一个充满地域特色，同时又是现代化的、标志性的门户机场；为机场和航空公司提供高效、安全的航站楼运营设施；为旅客、机场用户提供一个便利舒适、节能环保的场所。

造型和空间设计概念来源于当地建筑类型“法雷”。设计采用建筑结构一体化的策略，采用单层网壳结构和金属屋面一体化，立面木色铝板及穿孔板组合构成了简洁大气又辨识度很高的形象。室内钢结构和木色反吊板形成的空间富有节奏，建筑内外统一，整体流畅。

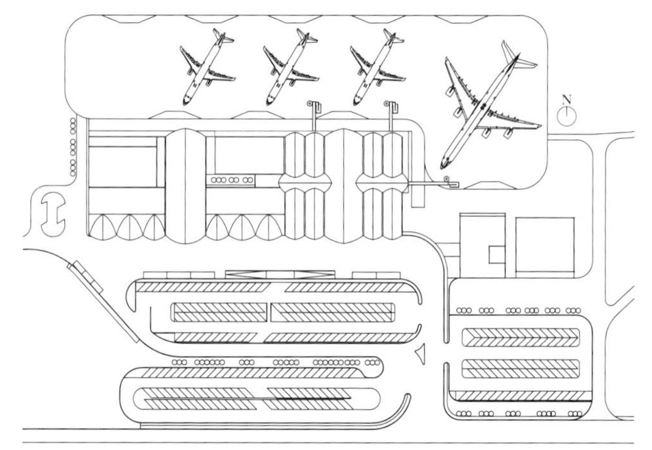

建设单位：上海建工集团股份有限公司
用途：交通建筑
设计 / 竣工年份：2014/2018
项目进展阶段：完成
建设地点：大洋洲萨摩亚独立国首都阿皮亚市
总建筑面积：12573m^2
用地面积：83820m^2
主体建筑结构形式：钢结构
主要外装修材料：中空 Low-E 玻璃幕墙 + 穿孔铝板

Client: Shanghai Construction Engineering Group Co., Ltd.
Purpose: transportation building
Design/Completion year: 2014/2018
Project phase: completed
Location: City of Apia, Independent State of Samoa, Oceania
Total floor area: 12,573 m^2
Land area: 83,820 m^2
Main building structure: steel structure
Main exterior decoration materials: hollow Low-E glass curtain wall + perforated aluminum plate

1 室内实景
2 总平面示意

3 空侧
4 陆侧

超高层综合体

上海环球金融中心

Shanghai World Financial Centre

本项目位于上海浦东新区陆家嘴国际金融贸易中心区，与金茂大厦和上海中心三足鼎立。

塔楼造型被设计成一块弧线分割的突出方形，顶部逐渐变成一条单线，方形塔楼向上逐渐收分，形成两道优美的弧线，表达出强烈的建筑特征。楼层平面逐渐变化，形成低区较大面积的办公区和高区进深适宜的酒店客房区的理想使用平面。塔楼外立面采用高性能的Low-E玻璃单元式玻璃幕墙，弱化了大厦的体量，给人以轻巧感，达到节能和环保的目的。水平金属翅片使幕墙富有韵律和尺度感，减少了光线反射对周边环境的影响。

裙房作为塔楼到相邻公园和林荫大道之间的过渡，被设想为周围公园的延伸物，向上接往塔楼。

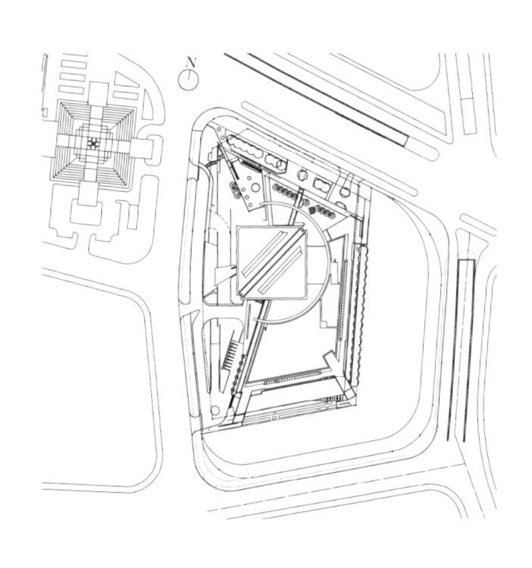

建设单位：上海环球金融中心有限公司
合作设计单位：
　建筑：森大厦株式会社 一级建筑师事务所、KPF 建筑师事务所、入江三宅设计事务所
　结构：赖思里 · 罗伯逊联合股份有限公司、株式会社构造计画研究所
　设备：株式会社建筑设备设计研究所
用途：综合体
设计 / 竣工年份：2003/2008
项目进展阶段：完成
建设地点：上海市浦东陆家嘴 Z-4 地块
总建筑面积：381610m^2
用地面积：30000m^2
高度：492m
层数：101
主体建筑结构形式：巨型结构 + 核心筒 + 外伸臂桁架
主要外装修材料：玻璃、石材

Client: Shanghai World Financial Center Co., Ltd.
Design partners:
　Architecture: Mori Building Architects & Engineers (MORI), KPF & IMAE
　Structure: LERA & Construction Planning Centre Co.,Ltd.
　M & EP: Kenchiku Setubi Sekkei Kenkyusho
Purpose: complex
Design / Completion year: 2003/2008
Project phase: completed
Location: Plot Z-4, Lujiazui, Pudong, Shanghai
Total floor area: 381,610 m^2
Land area: 30,000 m^2
Height: 492 m
Number of floors: 101
Main building structure: mega structure + core + outrigger
Main exterior decoration materials: glass, stone

1 下沉式广场
2 总平面示意
3 全景

超高层综合体

南京紫峰大厦

Nanjing Zifeng Tower

南京紫峰大厦位于南京市鼓楼广场西北角，基地内设2栋塔楼，商业裙房将2栋塔楼连成一个整体建筑群。主楼设有超五星级酒店、甲级办公楼，副楼是甲级办公楼，裙房为商场、停车库及设备机房。

大厦形体挺拔，通过旋转上升的边庭表达蟠龙的意象；建筑表皮设计新颖独特，采用锯齿形单元幕墙，上下错位半个单元形成龙鳞的效果，从不同的视角观察，大厦具有微妙的动感。锯齿形幕墙短边为穿孔金属板，夜间内透灯光，赋予大厦丰富的表情，有着极强的建筑表现力。

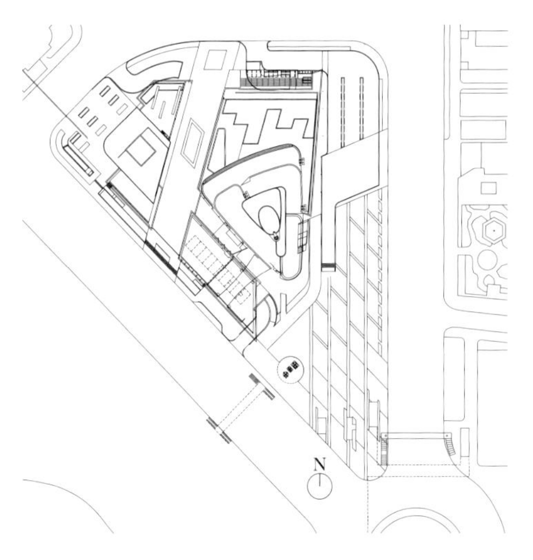

1 酒店大堂吧
2 总平面示意
3 全景鸟瞰

建设单位：南京国资绿地金融中心有限公司
合作设计单位：SOM 建筑设计事务所
合作设计单位承担角色：方案及初步设计，幕墙招标图
用途：综合体
设计 / 竣工年份：2005/2010
项目进展阶段：完成
建设地点：江苏省南京市鼓楼广场西北角
总建筑面积：261057m²
用地面积：18721m²
高度：450m
层数：66
主体建筑结构形式：带有加强层的框架核心筒混合结构体系
主要外装修材料：玻璃幕墙，石材幕墙

Client: Nanjing State Assets Greenland Finance Center Co., Ltd.
Design partner: Skidmore, Owings and Merrill LLP
Design partner's role: schemetic design, design development, façade construction document
Purpose: complex
Design / Completion year: 2005/2010
Project phase: completed
Location: Northwest corner, Gulou Square, Nanjing, Jiangsu Province
Total floor area: 261,057 m²
Site area: 18,721 m²
Height: 450 m
Number of floors: 66
Main building structure: moment frame concrete core with outrigger trusses
Main exterior decoration materials: glass curtain wall, stone panel

中国电信
CHINA TELECOM

北京中央电视台新台址建设工程

CCTV Headquarters

本项目位于北京中央商务区内，设计以独特的形式契合到城市空间之中。总体设计在庆典广场平台以及媒体公园三大景观要素的基础上，构筑建筑和景观的一体化效果。

主楼将行政管理与综合办公、新闻制作与播送、节目制作等功能结合在一个内部紧密连接的环路状整体中。两个塔楼从一个共同的6m平台基座升起，分别担负着新闻制作和综合办公的功能，并在上部汇合后构成管理、会议等的顶部空间。

电视文化中心大楼由五星级酒店和电视剧场组成。酒店通过南北两侧的270间酒店客房围合成一个高100多米的中庭。电视剧场区域设置在大楼底部，包括1500座的剧场、录音棚、数码影院、展厅及新闻发布厅。

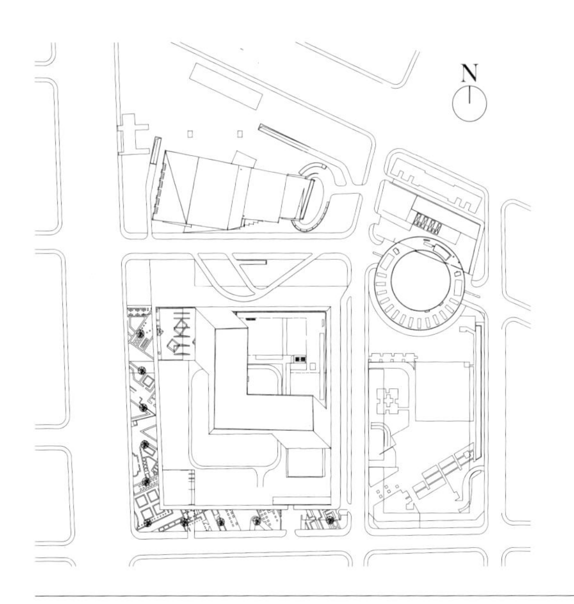

建设单位：中央电视台新台址建设工程办公室
合作设计单位：大都会建筑事务所
合作设计单位承担角色：方案、初步设计
用途：媒体及办公建筑
设计年份：2003
项目进展阶段：完成
建设地点：北京市朝阳区东三环路 32 号
总建筑面积：599548m^2
用地面积：196960m^2
高度：234m
层数：51
主体建筑结构形式：钢结构
主要外装修材料：铝合金玻璃幕墙

Client: Project of New CCTV Building Office
Design partner: OMA
Design partner's role: schematic and preliminary design
Purpose: media and office
Design year: 2003
Project phase: completed
Location: No. 32 East Third Ring Road, Chaoyang District, Beijing
Total floor area: 599,548 m^2
Land area: 196,960 m^2
Height: 234 m
Number of floors: 51
Main building structure: steel structure
Main exterior decoration materials: aluminum plate, glass curtain wall

1 全景鸟瞰
2 总平面示意

3 演播区前厅
4 悬挑连接体
5 沿东三环形态

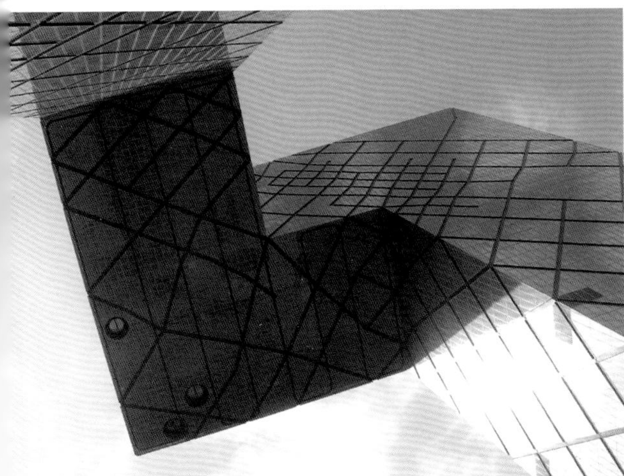

超高层综合体

济南普利中心

Jinan Puli Centre

项目位于济南市中心共青团路、普利街、顺河路围合的三角形地块。超高层塔楼位于东西向景观轴的西侧端部，主体塔楼呈弧线三角形，商业裙房呈组群式展开，通过各层次封闭或敞开的连廊和屋顶的组合，形成3组既分又合的组群，在兼顾与城市道路协调的同时，最大限度地满足基地规划要求。同时，对预留城市绿地进行适当改造，结合建筑形体和城市景观设计了绿地、广场、屋面绿化，塑造出具有个性体验式购物的商业环境和城市公园。

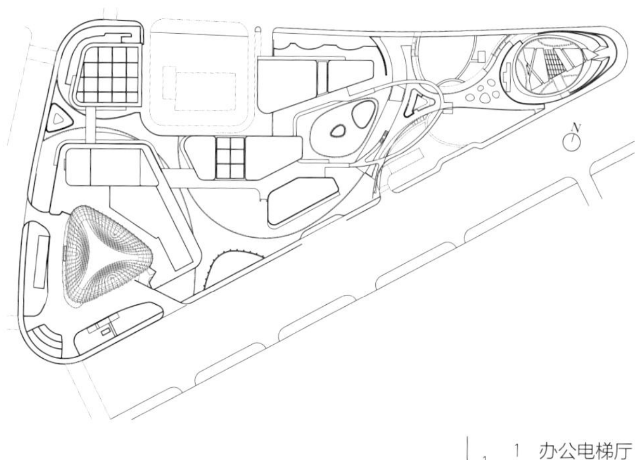

1 办公电梯厅
2 总平面示意

建设单位名称：绿地集团
用途：综合体
设计 / 竣工年份：2011/2014
项目进展阶段：完成
建设地点：山东省济南市
总建筑面积：197140m^2
用地面积：33257m^2
高度：293m
层数：60
主体建筑结构形式：框架核心筒
主要外装修材料：玻璃幕墙

Client: Greenland Group Co., Ltd.
Purpose: complex
Design / Completion year: 2011/2014
Project phase: completed
Location: Jinan, Shandong Province
Total floor area: 197,140 m^2
Land area: 33,257 m^2
Height: 293 m
Number of floors: 60
Main building structure: frame core tube
Main exterior decoration material: glass curtain wall

3　鸟瞰全景
4　一层办公大堂
5　沿顺河路高架实景

超高层综合体

重庆重宾·保利国际广场

Chongqing Chongbin Poly Tower

重庆重宾·保利国际广场的主要功能为五星级酒店、甲级写字楼、商业及高级商务会所，兼有商务中心办公、高级餐饮功能。

在狭小紧张的用地内，塔楼采用椭圆形平面，提供360° 完美视野。塔楼面对民生路立面垂直方向的弧面形成“瀑布挂前川”的标志性造型特色。附楼配合塔楼呈退阶的自由弧形，寓意层层叠叠的山城。

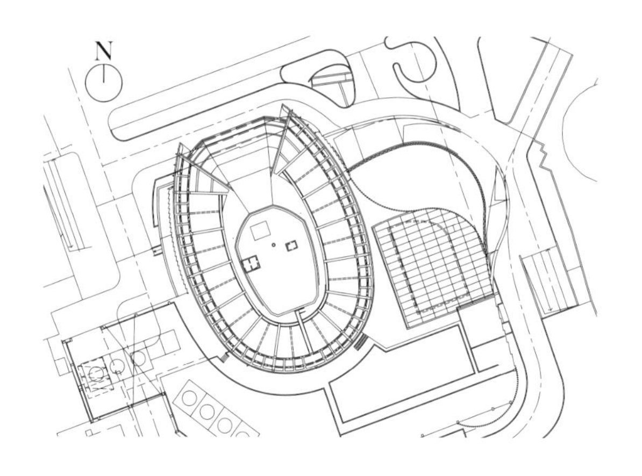

1 鸟瞰黄昏景
2 总平面示意

建设单位：重庆鼎瑞地产开发有限公司
用途：酒店、商业办公
设计 / 竣工年份：2007/2015
项目进展阶段：完成
建设地点：重庆市渝中区民生路 235 号
总建筑面积：183299.92m^2
用地面积：11831m^2
客房数量：410
主体建筑结构形式：框架核心筒
主要外装修材料：玻璃幕墙

Client: Chongqing Dingrui Property Development Co., Ltd.
Purpose: hotel, commercial office
Design / Completion year: 2007/2015
Project phase: completed
Location: No. 235, Minsheng Road, Yuzhong District, Chongqing
Total floor area: 183,299.92 m^2
Land area: 11,831 m^2
Number of guestrooms: 410
Main building structure: frame core tube
Main exterior decoration material: glass curtain wall

3 鸟瞰夜景
4 入口广场
5 街景

东方之门

超高层综合体

The Gate of the Orient

本项目位于苏州工业园区CBD轴线的东端，以门作为建筑形象的立意自然形成。它标志着CBD轴线的起始，一条连接上海和苏州的轻铁线路穿门而过；它也是承载着传统文化内涵的“东方之门”，象征着古老苏州的开放，以永恒的魅力矗立于金鸡湖畔。

“门”的建筑形式源于传统的花瓶门和城门的结合，通过简洁的几何曲线处理，赋予“东方之门”充满古典气息的优美比例。丝绸之都的苏州给予幕墙设计以灵感，建筑东西幕墙犹如两片轻盈的丝绸覆于双塔之上，白色烤瓷处理使幕墙散发出淡淡的白色光泽。幕墙的结构正似一片片瓦片互相重叠，令幕墙有一种特殊的肌理。

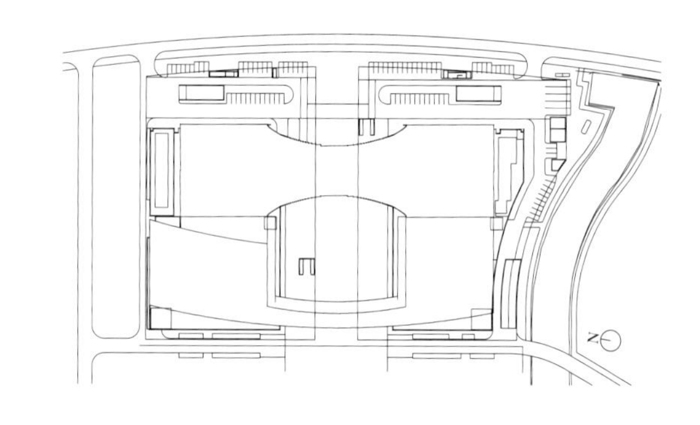

建设单位：苏州乾宁置业有限公司
合作设计单位：RMJM、ARUP
合作设计单位承担角色：方案设计、初步设计
用途：综合体
设计年份：2004
项目进展阶段：完成
建设地点：江苏省苏州市工业园区CBD轴线东端
总建筑面积：454058m²
用地面积：24319m²
高度：281m
层数：66
主体建筑结构形式：双塔连体结构—框架核心筒体系
主要外装修材料：玻璃幕墙

Client: Suzhou Qianning Estate Co., Ltd.
Design partners: RMJM, ARUP
Design partners' role: plan design, preliminary design
Purpose: complex
Design year: 2004
Project phase: completed
Location: east end of CBD axes in Suzhou Industrial Park, Suzhou, Jiangsu Province
Total floor area: 454,058 m²
Land area: 24,319 m²
Height: 281 m
Number of floors: 66
Main building structure: double tower one-piece structure-frame core system
Main exterior decoration material: glass curtain wall

1 金鸡湖方向远景
2 总平面示意

3 西侧实景
4 苏州大道西方向实景

超高层综合体

上海外滩国际金融服务中心

The Bund International Financial Centre, Shanghai

本项目是复星地产“蜂巢城市”核心代表作之一，是位于上海外滩金融集聚带核心位置的体验式复合型综合体。项目拥有优越的临江视角，汇聚金融、商业、旅游、文化、艺术等多种功能，涵盖办公楼、购物中心、复星艺术中心、酒店四大业态。

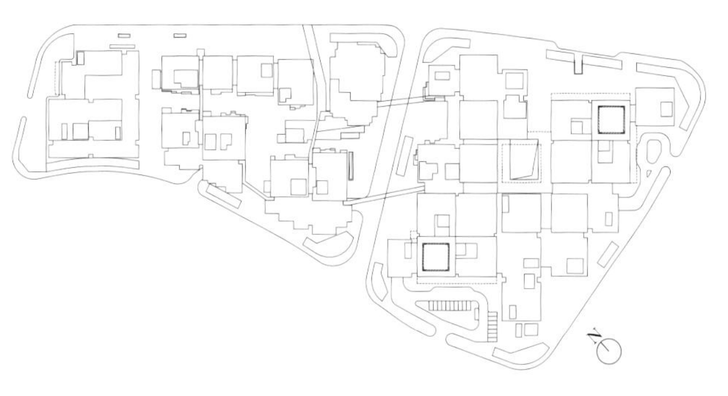

1 鸟瞰夜景
2 总平面示意

建设单位：上海证大外滩国际金融服务中心置业有限公司
合作设计单位：Foster+Partners, Heatherwick studio
合作设计单位承担角色：建筑方案设计
用途：综合体
设计/竣工年份：2011/2017
项目进展阶段：完成
建设地点：上海市黄浦区中山东二路600号
总建筑面积：428332m^2
用地面积：45472m^2
主体建筑结构形式：钢筋混凝土框架—剪力墙结构（北区办公塔楼、酒店）、钢筋混凝土剪力墙和楼板、悬挑钢桁架和楼面钢梁组成的混合结构（艺术中心）、钢框架—钢筋混凝土筒体结构（南区办公塔楼）、钢筋混凝土框架结构（南区商业）
主要外装修材料：玻璃幕墙

Client: Shanghai Zendai Bund International Financial Service Centre Real Estate Co., Ltd.
Design partners: Foster+Partners, Heatherwick studio
Design partners' role: architectural design
Purpose: complex
Design / completion year: 2011/2017
Project phase: completed
Location: No. 600, Zhongshan East 2nd Road, Huangpu District, Shanghai
Total floor area: 428,332 m^2
Land area: 45,472 m^2
Main building structure: reinforced concrete frame—shear wall structure (North District office tower, hotel), reinforced concrete shear wall and floor slab, cantilever steel truss and floor steel beam composite structure (art centre), steel frame—reinforced concrete tubular structure (South District office tower), reinforced concrete frame structure (South District commercial)
Main exterior decoration material: glass curtain wall

3 街区日景
4 全景

上海白玉兰广场

Shanghai White Magnolia Plaza

上海白玉兰广场项目地处上海虹口区北外滩沿黄浦江地区，是一个由五星级酒店、高智能化甲级办公楼和复合型商业组成的超大规模的超高层建筑群，包括一座办公塔楼、一座酒店塔楼和一座展馆（白玉兰馆）。建筑连接着3层高的西北零售裙楼。东裙楼包括了商业零售和影院；西南裙楼包括酒店休闲娱乐层以及首层零售。酒店西塔楼提供了393套客房和辅助服务设施，包括游泳池、宴会厅和会议室、水疗中心、健身中心和特色餐厅等。本项目的意象源于上海市花白玉兰，浦江交汇，玉兰绽放。

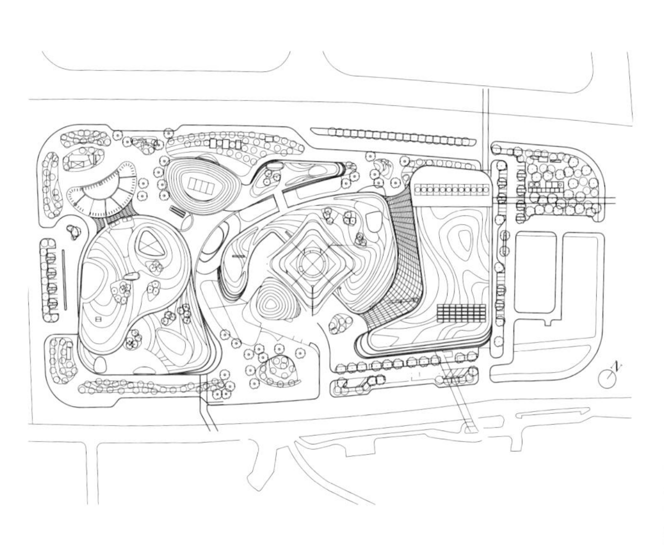

1 全景
2 总平面示意

建设单位：上海金港北外滩置业有限公司
合作设计单位：SOM建筑设计事务所
合作设计单位承担角色：方案及初步设计
用途：综合体
设计/竣工年份：2006/2016
项目进展阶段：完成
建设地点：上海市
总建筑面积：420000m^2
用地面积：57000m^2
高度：320m
层数：66
主体建筑结构形式：核心筒剪力墙及钢结构
主要外装修材料：幕墙

Client: Shanghai Jingang North Bund Estate Co., Ltd.
Design partner: Skidmore, Owings & Merrill LLP
Design partner's role: schematic and preliminary design
Purpose: complex
Design / Completion year: 2006/2016
Project phase: completed
Location: Shanghai
Total floor area: 420,000 m^2
Land area: 57,000 m^2
Height: 320 m
Number of floors: 66
Main building structure: core shear wall and steel structure
Main exterior decoration material: curtain wall

3 中庭
4 办公大堂
5 日景

天津周大福金融中心

Tianjin Chow Tai Fook Finance Centre

周大福金融中心包括一座多功能塔楼和裙房，塔楼集办公、服务式公寓和酒店于一体，裙房包括零售商店、餐厅、健身中心等。塔楼由三部分组成，分别为建筑面积为14万m²的办公部分、建筑面积为5万m²的300套单元的服务式公寓部分、建筑面积为6.2万m²的347套客房的酒店部分。酒店提供的服务设施包括游泳池、宴会厅和会议室、水疗中心、健身中心和特色餐厅等。项目还包括建筑面积合计为4.4万m²的地上和地下商业零售部分。

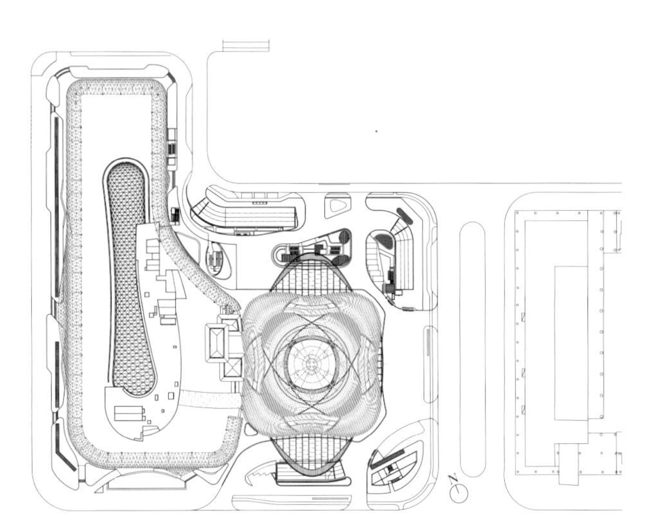

1 建筑细部
2 总平面示意
3 远景

建设单位：天津新世界环渤海房地产开发有限公司
合作设计单位：SOM、RLP、WSP
合作设计单位承担角色：方案设计，初步设计
用途：超高层城市综合体
设计年份：2011
项目进展阶段：完成
建设地点：天津市
总建筑面积：389980m²
用地面积：27772m²
高度：530m
层数：97
主体建筑结构形式：框架核心筒
主要外装修材料：玻璃幕墙

Client: Tianjin New World Huan Bo Hai Property Development Co., Ltd.
Design partners: SOM, RLP, WSP
Design partners' role: schematic & preliminary design
Purpose: super high-rise urban complex
Design year: 2011
Project phase: completed
Location: Tianjin
Total floor area: 389,980 m²
Land area: 27,772 m²
Height: 530 m
Number of floors: 97
Main building structure: frame core tube
Main exterior decoration material: glass curtain wall

MSD-B2

武汉中心
Wuhan Centre

超高层综合体

本项目位于武汉市中央商务区西南角，是CBD核心区开发的第一个项目，是实现核心区功能最重要的组成部分之一。

武汉中心塔楼位于用地中部靠近城市道路交叉口，裙房结合城市广场布置在用地北侧和东侧，为塔楼前置、裙楼后置的模式。塔楼前置可以最大化利用基地两边的城市道路，便于车流和人流出入塔楼的流线组织。塔楼朝向梦泽湖，标志性强。裙楼后置使商业空间围合市民广场，与城市公共空间直接联系，裙楼大空间便于与地下枢纽站空间整合，提高地下开发效率。

武汉中心造型状若帆船，取名为“帆都”，仿佛迎风张满风帆的航船，满载希望与力量，在经济的浪潮中乘风破浪勇往直前。

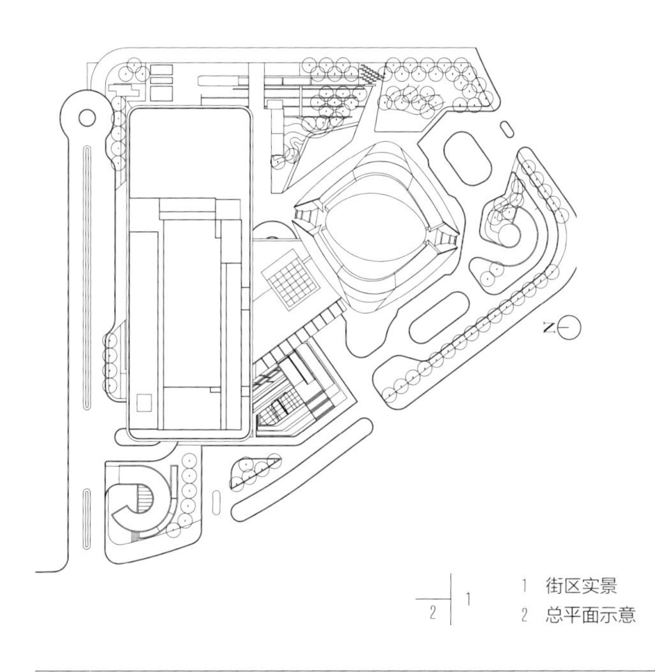

1 街区实景
2 总平面示意

建设单位：武汉王家墩中央商务区建设投资股份有限公司
用途：超高层综合体
设计年份：2009
项目进展阶段：在建
建设地点：武汉市汉口王家墩CBD核心商务区
总建筑面积：359270m^2
用地面积：28100m^2
高度：438m
层数：88
主体建筑结构形式：框架筒体结构
主要外装修材料：玻璃幕墙

Client: Wuhan Wangjiadun CBD Construction Investment Stock Co., Ltd.
Purpose: super high-rise complex
Design year: 2009
Project phase: under construction
Location: Wangjiadun CBD, Hankou, Wuhan, Hubei Province
Total floor area: 359,270 m^2
Land area: 28,100 m^2
Height: 438 m
Number of floors: 88
Main building structure: frame tube structure
Main exterior decoration material: glass curtain wall

3 建筑局部
4 全景鸟瞰
5 全景

恒大中心

超高层综合体

Evergrande Center

恒大中心是恒大集团未来在深圳的总部，位于深圳湾超级总部基地的核心区域。作为区域制高点，恒大中心设计融入“天圆地方”意向，底部方正，顶部圆润，拔地而起，塑造典雅稳重、简洁挺拔、拥有中华文化内涵的建筑形象。

恒大中心高393.9m，共75层。主要功能为办公，底层设置部分商业，顶层设置空中大堂。建筑形体的收进和圆弧转角可以有效降低风荷载影响和风致振动，提高超高层建筑的安全性。塔楼芯筒偏北布置，在南侧营造出滨海的开敞办公空间。

塔楼各层东、西、南、北方向的幕墙采用了折线形的设计，各幕墙板块呈角度布置。折线设计强化了建筑的收分关系，进一步凸显了天圆地方的设计概念，强化了建筑的标识性。对于室内空间来说，折线形的幕墙处理增加了室内空间的景观面，提升了空间的品质。

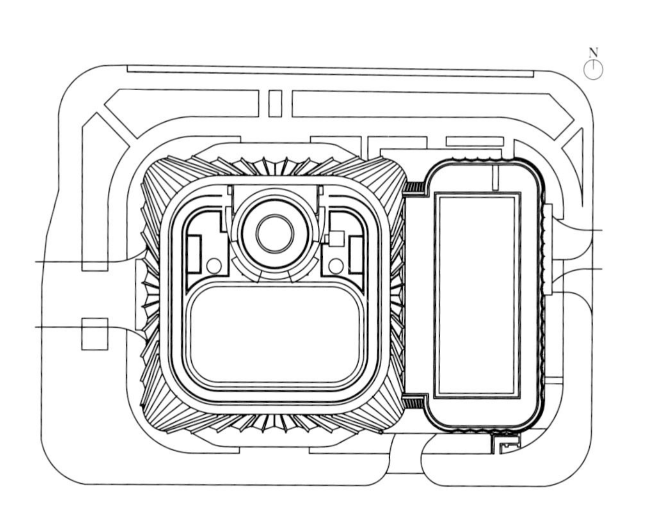

1　西南向人视
2　总平面示意

建设单位：恒大集团有限公司
用途：超高层综合体
设计年份：2018
项目进展阶段：在建（暂停）
建设地点：深圳市南山区沙河深湾三路与白石四道交汇处东南角
总建筑面积：340000m^2
用地面积：10376.82m^2
主体建筑结构形式：巨柱外框架+核心筒+环带/伸臂桁架体系
主要外装修材料：玻璃、铝板

Client: Evergrande Group
Purpose: super high-rise complex
Design year: 2018
Project phase: under construction (halted)
Location: Shenzhen Bay Super Headquarters Base, Nanshan District, Shenzhen
Total floor area: 340,000 m^2
Land area: 10,376.82 m^2
Main building structure: mega external frame tube + outrigger & belt truss
Main exterior decoration material: glass curtain wall

3 西向整体效果图
4 深圳湾天际线效果图

超高层综合体

南京金鹰天地广场
Nanjing GE World

南京金鹰天地广场基地位于南京市河西区域，紧临北侧规划实施中的商业中心。金鹰天地广场为办公、酒店、商业综合体，包括3栋超高层建筑群：A栋第一至八层为商业，第四十至五十五层为酒店，其余为办公空间；B栋除第四十至四十七层为酒店外均为办公空间；C栋第一至八层为商业，第四十三至五十层为酒店，其余为办公空间。

设计原则为最大程度开发商业价值，合理布局建筑的城市形象地标。将超高层塔楼集中布局于基地北侧，减小塔楼对城市主要道路的压迫感，为展现建筑形象提供了空间，也避免了超高层塔楼对裙房商业使用功能的影响。

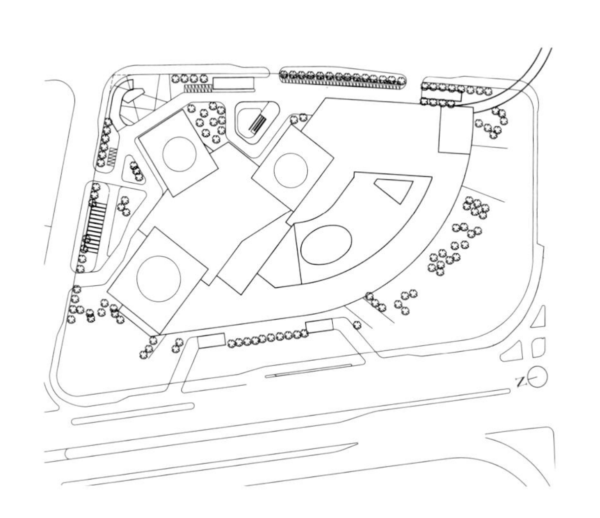

1 黄昏景
2 总平面示意

建设单位：南京建邺金鹰置业有限公司
合作设计单位：上海新何斐德建筑规划设计咨询有限公司
合作设计单位承担角色：建筑方案设计
用途：办公、酒店、商业
设计年份：2011
项目进展阶段：在建
建设地点：江苏省南京市
总建筑面积：917907m²
用地面积：50078m²
高度：368m
层数：76/63/56
主体建筑结构形式：钢筋混凝土一钢混合结构
主要外装修材料：玻璃幕墙、石材

Client: Nanjing Jianye Golden Eagle Real Estate Co., Ltd.
Design partner: Shanghai Fredrick Rolland Architect
Design partner's role: architectural schematic design
Purpose: office, hotel & retail area
Design year: 2011
Project phase: under construction
Location: Nanjing, Jiangsu Province
Total floor area: 917,907 m²
Land area: 50,078 m²
Height: 368 m
Number of floors: 76 / 63 / 56
Main building structure: reinforced concrete-steel mixed structure
Main exterior decoration material: glass curtain wall, stone

3 夜景
4 日景
5 城市远景

上海黄浦区小东门街道616、735街坊地块项目

（绿地外滩中心）

超高层综合体

Blocks 616 & 735 in XiaoDongMen Community Project, Huangpu District, Shanghai (Greenland Bund Center)

上海黄浦区小东门街道616、735街坊地块项目地处黄浦江传统外滩南延伸段，是外滩金融集聚带南外滩开发的收头点睛之笔。区位紧邻上海城市的起源——老城厢地区，基地内有董家渡教堂、商船会馆等市级文保单位，基地外围则有一大批保留仓库、码头等历史建筑。

基地内以董家渡路为界分为南北两大板块9个地块，地面建筑功能由4栋超高层塔楼、7栋独立的新金融总部办公楼及其裙房组成，另外还有多层的商业街与中山南路东侧的展示中心相连。功能定位为高端金融办公、商业服务和高端住宅，形成多种功能互补共生的生态体系。本项目将为南外滩金融集聚带提供总领全局的制高点和开阔视野。

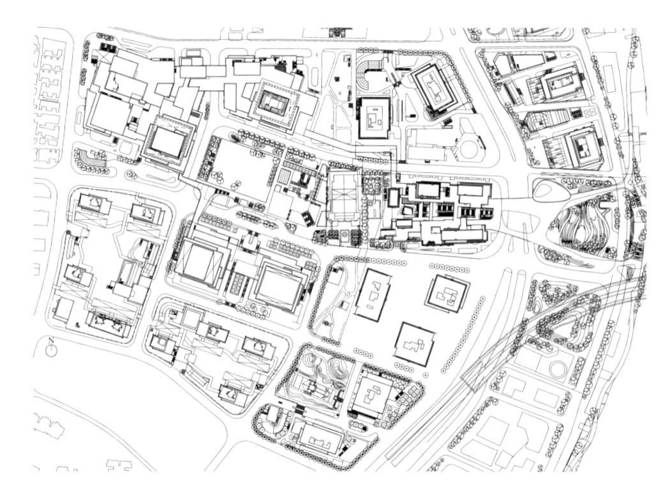

建设单位：中民外滩房地产开发有限公司
合作设计单位：KPF、Aedas、WSP、GOA
合作设计单位承担角色：规划方案（KPF）、建筑设计（KPF/Aedas）、机电设计（WSP）、住宅（GOA）
用途：办公、商业、酒店
设计年份：2015
项目进展阶段：在建
建设地点：上海市黄浦区
总建筑面积：1199773m^2（其中住宅地块由GOA负责）
用地面积：126740.1m^2
主体建筑结构形式：框架筒体结构+伸臂桁架结构体系
主要外装修材料：主塔楼立面采用石材、玻璃、铝合金竖线条装饰；裙房以花岗石为主要装饰材料

Client: CM Bund Co., Ltd.
Design partners: KPF (planning scheme), KPF/Aedas (architecture), WSP (M&EP), GOA (residential housing)
Purpose: office, commerce, hotel
Design year: 2015
Project phase: under construction
Location: Huangpu District, Shanghai
Total floor area: 1,199,773 m^2 (GOA is responsible for the residential lot)
Land area: 126,740.1 m^2
Main building structure: frame tube structure + outrigger truss
Main exterior decoration materials: glass curtain wall + aluminium alloy+stone (tower); stone curtain wall (podium)

1 鸟瞰全景
2 总平面示意

3 全景
4 鸟瞰

成都绿地东村8号地块超高层综合体

Super High-Rise Complex of Number 8 Greenland East Village Plot, Chengdu

本工程为超高层综合体，位于成都市东部发展新区。主塔楼高度为468m，包含国际甲级办公区、CEO行政公馆、五星级酒店、天际会所等，建成后将成为四川省第一高楼。设计方案以蜀峰为意向，结合周边自然山区的地形特征，缔造了极富特征的超高层建筑形态。

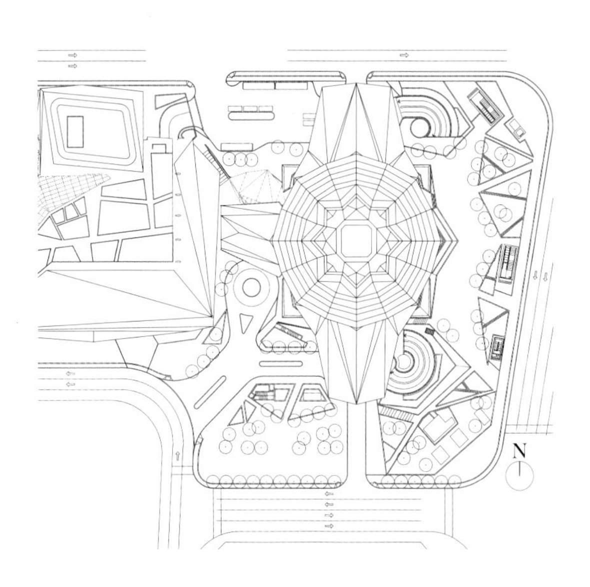

1 全景

2 总平面示意

建设单位：绿地集团成都蜀峰房地产开发有限公司

合作设计单位：艾德里安·史密斯+戈登·吉尔建筑设计事务所、THORNTON TOMASETTI、POSITIVENERGY PRACTICE

合作设计单位承担角色：建筑方案设计、初步设计

用途：超高层综合体

设计年份：2015

项目进展阶段：在建

建设地点：四川省成都市锦江区粮丰村、龙泉驿区东洪村

总建筑面积：456880.65m^2

用地面积：24530.39m^2

高度：468m

层数：101

主体建筑结构形式：核心筒+钢骨柱+外伸臂桁架+外围支撑

主要外装修材料：玻璃幕墙

Client: Greenland Group Chengdu Shufeng Real Estate Development Co., Ltd.

Design partners: Adrian Smith + Gordon Gill Architecture, THORNTON TOMASETTI, POSITIVENERGY PRACTICE

Design partners' roles: schematic design, preliminary design

Purpose: super high-rise complex

Design year: 2015

Project phase: under construction

Location: Liangfeng Village in Jinjiang District, and Donghong Village in Longquanyi District, Chengdu, Sichuan Province

Total floor area: 456,880.65 m^2

Land area: 24,530.39 m^2

Height: 458 m

Number of floor: 101

Main building structure: core wall + steel column + overhanging arm truss + peripheral support

Main exterior decoration material: glass curtain wall

3 塔冠天际会所
4 门厅落客区
5 鸟瞰

超高层综合体

武汉光谷金融中心

Wuhan Optics Valley Financial Center

项目位于光谷科技创新大走廊高新大道黄金主轴，涵盖5A级写字楼、国际高端精品酒店、配套商业及公共设施。武汉光谷金融中心作为标志性门户，屹立于武汉国家生物产业九峰创新区的东缘，规划建立一个特色鲜明、构图完美的城市商务中心，提升该地块的城市空间品质。

本项目以蕴含壮、瑶民族勤劳智慧的“龙脊梯田”为构思创作的源泉，结合场地条件和商务中心的功能需求，形成了双塔楼均衡布局的总体方案。两幢塔楼均为转角圆融、层层收进的三角形，加上裙房也采用了层层收进的做法，塔楼和裙房自然融为一体，无论是形态还是意向都贴近“梯田”的主旨。

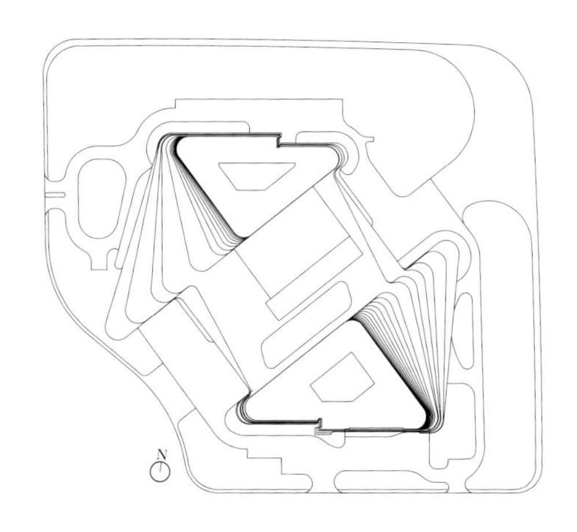

1 街景
2 总平面示意

建设单位：武汉生物城文化旅游投资开发有限公司
合作设计单位：楷亚锐衡设计规划咨询（上海）有限公司
合作设计单位承担角色：方案设计
用途：酒店、办公
设计/竣工年份：2015/2019
项目进展阶段：完成
建设地点：武汉光谷生物城
总建筑面积：168093.05m^2
用地面积：30395.52m^2
高度：99.55m
层度：22
主体建筑结构形式：钢筋混凝土框架+核心筒
主要外装修材料：玻璃、铝板

Client: Wuhan Bio-city Cultural Tourism Investment and Development Co., Ltd.
Design partner: CallisonRTKL
Design partner's role: schematic design
Purpose: hotel, office
Design / Completion year: 2015 / 2019
Project phase: completed
Location: Wuhan Optics Valley Biological City
Total floor area: 168,093.05 m^2
Land area: 30,395.52 m^2
Height: 99.55 m
Number of floors: 22
Main building structure: reinforced concrete frame + core tube
Main exterior decoration materials: glass, aluminum plate

3 俯瞰
4 鸟瞰全景
5 入口广场
6 全景

上海华侨城苏河湾T1商办综合楼（宝格丽酒店）

超高层综合体

Shanghai OCT Suhe-Creek T1 Business Comprehensive Building (Bulgari Hotel)

本项目建筑高150m，共40层，地上建筑面积66876m²。高区为超五星级的宝格丽酒店，顶部有酒店的餐厅、酒吧；低区为精装公寓式办公；地下为酒店的泳池SPA等附属设施；东侧的优秀历史保护建筑原上海总商会，作为酒店的配套设施保护利用；裙房商办楼还建有地铁10号线、12号线换乘站。

酒店提升了苏河湾地区的人居品质和区域价值。功能齐全的公共服务设施和城市广场绿地都向公众开放，已举办了上海市电影节开幕酒会、上海总商会百年展等文化活动。整个苏河北岸区域城市更新以此为起点，形成了历史和现代交融的活力街区，成为滨水历史街区空间复兴的典范之作。

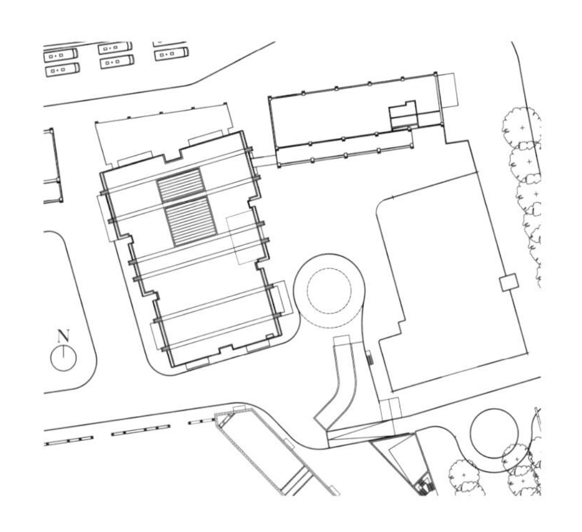

1 夜景
2 总平面示意

建设单位：华侨城（上海）置地有限公司
合作设计单位：Foster+Partners, Lmkaltitude Architecture
合作设计单位承担角色：方案设计（建筑）、初步设计（建筑）、立面设计
用途：酒店、公寓、商业
设计/竣工年份：2011/2016
项目进展阶段：完成
建设地点：上海市天潼路河南北路
总建筑面积：66876m²
用地面积：41984.5m²
建筑高度：150m
层数：40
主体建筑结构形式：框架剪力墙
主要外装修材料：铝板幕墙、红砖

Client: OCT (Shanghai) Land Co., Ltd.
Design partners:
  SD&DD (architecture): Foster+Partners
  Facade design: Lmkaltitude Architecture
Purpose: hotel, service apartment, commercial
Design/Completion year: 2011/2016
Project phase: completed
Location: Tiantong Road, North Henan Road, Shanghai
Total floor area: 66,876 m²
Land area: 41,984.5 m²
Height: 150 m
Number of floors: 40
Main building structure: frame-Shearwall structures
Main exterior decoration materials: aluminum curtain wall, brick

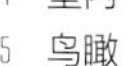

3 街景
4 室内
5 鸟瞰

超高层综合体

上海富士康大厦

Foxconn Shanghai Headquarters

本项目基地位于陆家嘴地区最后一块建设用地上，地上21层，地下4层，整体高度为95m。项目定位为高端总部大楼，以塑造高效、沉稳、生态、科技感的建筑形象为目标，创造高效快捷与自然舒适的办公环境。主楼为办公空间，裙楼配置多功能厅，作为活动或者企业展示使用，四层为餐厅，可远眺黄浦江景。

造型上斜向的折板设计，在小陆家嘴地区创造了和谐且独特的立面语汇。通过简约现代化的建筑语言，突出前卫、现代、高科技、高标准及勇于创新的企业形象。利用呼吸式幕墙等各方面的绿色设计及节水节能设备，尊重社会责任和自然环境。该项目的节能设计满足国家绿色二星及LEED白金级要求。

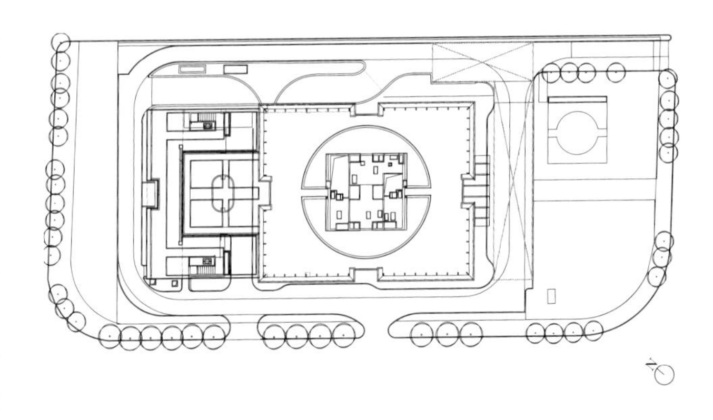

1 入口广场
2 总平面示意

建设单位：上海富士康有限公司
合作设计单位：上海大元建筑设计咨询公司
合作设计单位承担角色：概念方案及建筑初步设计
用途：办公
设计/竣工年份：2014/2019
项目进展阶段：完成
建设地点：上海市浦东新区陆家嘴
总建筑面积：82714.7m^2
用地面积：10123.5m^2
主体建筑结构形式：钢框架
主要外装修材料：玻璃幕墙、铝合金

Client: Foxconn (Shanghai) Ltd.
Design partner: KRIS YAO | ARTECH
Design partner's roles: scheme and draft design
Purpose: office
Design / Completion year: 2014/2019
Project phase: completed
Location: Lujiazui Finance and Trade Zone, Pudong New Area, Shanghai
Total floor area: 82,714.7 m^2
Land area: 10,123.5 m^2
Main building structure: steel frame
Main exterior decoration materials: glass curtain wall, aluminum alloy

3 全景
4 夜景
5 街景

上海丁香路778号商业办公楼项目

Commercial Office Building Project, No.778 Dingxiang Road, Shanghai

本项目位于浦东新区联洋板块，建筑高度99.99m，地下4层，地上20层，裙房4层，为双塔大底盘建筑。地下二层至地上四层为商业，五层以上为标准层租赁办公。

这是一栋具有高贵优雅气质、时尚、科技、活泼的双塔式高层建筑。外立面的洞石与超白玻璃双道幕墙凸显高贵，丁香花瓣墙显示优雅，全西门子智能管理体系彰显科技一流，商业定位是时尚又活泼的，办公环境及配置达到陆家嘴金融商圈一流水准。

东西办公塔楼呈弧形的风帆形状，极具现代的柔美色彩，但平面却是规整的矩形，满足较好的得房率以及使用者感受，呼吸式幕墙以及阳光感应式百叶帘设施，使办公环境明亮、舒适。

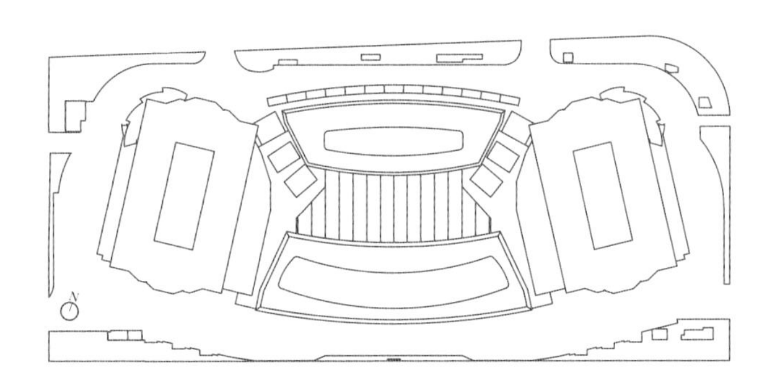

1 商场电梯
2 总平面示意

建设单位：上海山川置业有限公司
合作设计单位：IBI工程项目咨询（北京）有限公司、BENOY
合作设计单位承担角色：方案设计及扩初、室内设计
用途：商业、办公
设计/竣工年份：2010/2016
项目进展阶段：完成
建设地点：上海市浦东新区丁香路778号
总建筑面积：150427.4m^2
用地面积：19863m^2
主体建筑结构形式：框架核心筒结构
主要外装修材料：玻璃幕墙+石材

Client: Shanghai Shanchuan Real Estate Co., Ltd.
Design partners: IBI Engineering Project Consulting (Beijing) Co., Ltd., BENOY
Design partners' roles: scheme design and expanding design, interior design
Purpose: commercial, office
Design / Completion year: 2010/2016
Project phase: completed
Location: No.778 Dingxiang Road, Pudong New Area, Shanghai
Total floor area: 150,427.4 m^2
Land area: 19,863 m^2
Main building structure: frame core structure
Main exterior decoration materials: glass curtain wall + marble

3 办公大堂
4 办公入口
5 商场中庭
6 街景

上海铁路南站主站屋

Shanghai South Railway Station

上海南站是上海西南地区的重要交通门户，也是上海市新世纪的标志性建筑景观。站屋工程充分考虑了与轨道交通、公交枢纽站、长途汽车站、近郊汽车站、出租车上下客以及步行等其他交通方式的相互连接，建成后成为综合性大型交通枢纽中心。

圆形主站屋设计巧妙解决了铁路与沪闵路、石龙路的夹角问题，使站屋各个方向的视觉形象更为稳定、夺目。向心性很强的巨大钢结构屋盖以其高科技感和晶莹剔透的外观，无论在白天还是夜晚，均能成为各个方向的视线焦点，充分体现出上海南大门的标志形象。

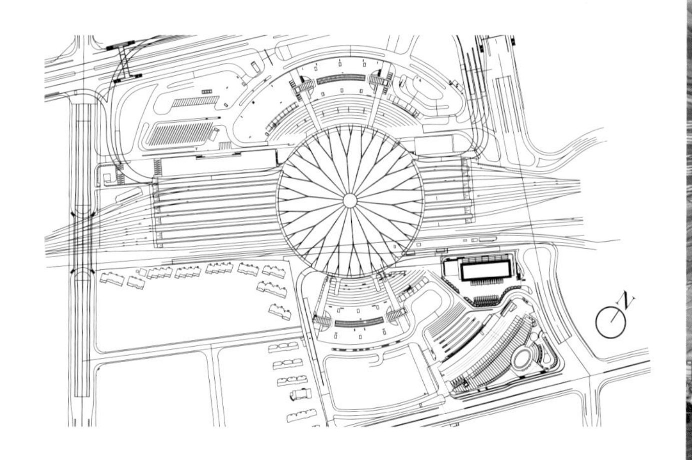

1 站厅空间
2 总平面示意

建设单位：上海铁路局工程建设中心
合作设计单位：法国 AREP 建筑公司
合作设计单位承担角色：方案设计
用途：铁路客运站
设计 / 竣工年份：2001/2006
项目进展阶段：完成
建设地点：上海市沪闵路以南，柳州路以西，桂林路以东，石龙路以北
总建筑面积：52916.3m^2
用地面积：37.9hm^2
主体建筑结构形式：主体为现浇混凝土框架结构，屋面为大跨度钢结构
主要外装修材料：玻璃幕墙

Client: Shanghai Railway Administrative Bureau Construction Center
Design partner: AREP, France
Design partner's role: schematic design
Purpose: railway station
Design / Completion year: 2001/2006
Project phase: completed
Location: Humin Road, Shanghai
Total floor area: 52,916.3 m^2
Land area: 37.9 hm^2
Main build structure: cast-in-situ reinforced concrete frame, long-scale steel structure (roof)
Main exterior decoration materials: glass curtain wall

3 站台
4 全景鸟瞰

深汕综合交通枢纽

高铁枢纽

Shenshan Transport Hub

深汕综合交通枢纽是深汕合作区的前沿节点、辐射粤东的创新服务中心、新时代湾区标志性枢纽，构架起象征“荟聚”与变化的“深汕之桥”。枢纽以“人的活动”为核心，创造城市、车站、业态与自然山水的融合，未来将成为环境宜人、功能丰富、交通便捷的城市IP空间，激发深汕片区24小时的都市活力。枢纽建筑面积约544000m^2（含地下），其中站房规模为48000m^2，共5台13线。枢纽地上6层，地下2层，轨顶相对标高14.1m。

该项目最大的亮点是“东站+西城”的布局方式，东西对称，中轴贯通，中正大气。在设计条件中，站房位于城市中轴的东侧，因此在中轴的西侧设置商业综合体，形成中轴对称的城市形象。大屋盖统一整合两侧建筑形体，彰显城市形象。承轨层上方、大屋盖下形成城市IP空间，连接东站西城，共同成为深汕合作区的引爆点。

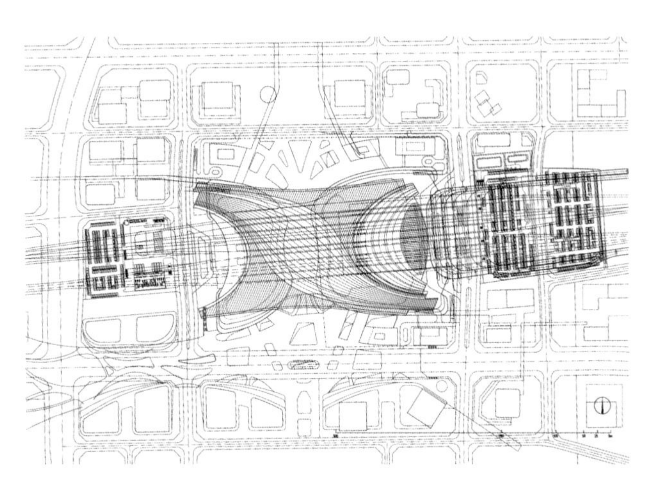

建设单位：深圳市轨道交通建设指挥部办公室
合作设计单位：铁四院、日本设计、蕾奥规划
合作设计单位承担角色：设计及相关部分（铁四院）、投标阶段城市设计（日本设计）、片区开发行动计划（蕾奥规划）
用途：交通枢纽、站城一体
设计年份：2020
项目进展阶段：扩初
建设地点：深汕合作区，深汕站
总建筑面积：576269m^2
用地面积：铁路用地红线暂定约 20hm^2（含市政道路与地面停车场）
主体建筑结构形式：正线桥 + 混凝土框架 + 钢结构屋盖
主要外装修材料：玻璃幕墙 + 铝板幕墙

Client: Shenzhen Rail Transit Construction Headquarters Office
Design partners: The Fourth Survey and Design Institute of China Railways, NIHON SEKKEI, Layout Planning
Design partners' roles: railways related engineering (The Fourth Survey and Design Institute of China Railways), urban design during the bidding stage (NIHON SEKKEI), area development's action planning (Layout Planning)
Purpose: transport hub, city-station integration
Design year: 2020
Project phase: development design
Location: Shenshan Cooperation Zone
Total floor area: 576,269 m^2
Land area: The red line of railway land is tentatively about 20 hm^2 (including municipal roads and ground parking lots)
Main building structure: main line bridge + concrete frame structure + steel structure roof
Main exterior decoration materials: glass curtain wall + aluminum curtain wall

1　总平面示意
2　城市IP空间效果图
3　南立面
4　俯瞰

新建上海东站综合交通枢纽建筑概念设计方案（国际方案征集）

高铁枢纽

Conceptual Design Scheme of New Shanghai East Railway Station Integrated Transport Hub

上海东站地区依托浦东国际综合交通枢纽,将成长为长三角地区的全域加速器，作为都会展示厅，扩大上海卓越城市的影响力和竞争力。浦东国际综合交通枢纽作为上海东站+浦东国际机场的双组合，将成为国际空铁联运的超级世界枢纽。

上海东站枢纽从交通高效换乘、快速集散、空铁联动、多维枢纽、生态枢纽、人文枢纽等多方面进行了深化的研究设计，集航空、地铁、市域铁、国铁等功能于一体，通过建立多维度直连航站楼区域的综合交通系统，支撑上海东站全面融入浦东综合枢纽，立足现有轨道交通规划，预留轨网扩容增站可能，构建TOD导向下的多维立体综合交通。

建设单位：上海东站综合交通枢纽建设指挥部办公室、沪宁城际铁路股份有限公司
合作设计单位：中铁第四勘察设计院集团有限公司、株式会社日本设计、上海市政工程设计研究总院（集团）有限公司
合作设计单位承担角色：铁路线路（中铁第四勘察设计院集团有限公司）；城市设计部分（株式会社日本设计）；市政交通（上海市政工程设计研究总院（集团）有限公司）
用途：交通建筑
设计年份：2022
项目进展阶段：方案设计
建设地点：上海浦东新区祝桥镇浦东机场保税区地块
总建筑面积：站场区1190000m^2，其中站房200000m^2，上盖开发240000m^2，其他配套工程750000m^2；站前区750000m^2，其中地上550000m^2，地下200000m^2
用地面积：880000m^2（站场区370000m^2）
主体建筑结构形式：钢筋混凝土框架+钢结构
主要外装修材料：玻璃幕墙+铝合金板材

Clients: Office of Shanghai East Railway Station Comprehensive Transportation Hub Construction Headquarters, Shanghai Nanjing Intercity Railway Co., Ltd.
Design partners: China Railway Fourth Survey and Design Group Co., Ltd., NIHON SEKKEI, Shanghai Municipal Engineering Design and Research Institute
Design partners' roles: railway line (China Railway Fourth Survey and Design Group Co., Ltd); urban design (NIHON SEKKEI); municipal transportation (Shanghai Municipal Engineering Design and Research Institute)
Purpose: traffic building
Design year: 2022
Project phase: scheme design
Location: Plot of Pudong Airport Free Trade Zone, Zhuqiao Town, Pudong New Area, Shanghai
Total floor area: station area---1,190,000 m^2 including 200,000 m^2 of station buildings, 240,000 m^2 of upper cover development and 750,000 m^2 of other supporting projects; station front area---750,000 m^2 including 550,000 m^2 above ground and 200,000 m^2 below ground
Land area: 880,000 m^2 (station area 370,000 m^2)
Main building structure: reinforced concrete frames + steel structure
Main exterior decoration materials: glass screen wall + aluminum alloy sheet

1 西侧主入口透视图
2 总体鸟瞰

3 高架候车室效果图
4 东站剖透视图

南京南站南广场

South Square of Nanjing South Railway Station

南京南站南广场项目位于铁路南京南站的南侧正前方。地上9层，地下2层，建筑高度控制为40m。主要包括基地东西两侧9层高的办公建筑塔楼（B1和B2办公楼）、地面中心广场、中央下沉广场、地下商业、非机动车库及地下停车库。

建筑立面造型通过“层叠”的设计构思，强调错落的横向元素，楼层在每层平面上进退变化，使得立面整体效果达到盆景叠石的意境。建筑形体本身就是一个具有时代感的大型雕塑。建筑内部庭园变化丰富，营造出不同的空间层次和高山流水的意境。

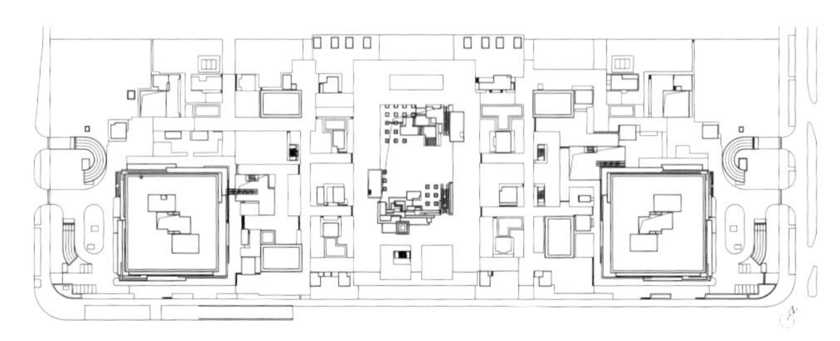

1 南广场鸟瞰
2 总平面示意

建设单位：南京高铁广场资产经营管理有限责任公司
合作设计单位：上海马达思班建筑设计事务所
用途：商业、办公
设计 / 竣工年份：2014/2017
项目进展阶段：完成
建设地点：江苏省南京市雨花台区南京南站高铁站房南侧
总建筑面积：172671.8m^2
用地面积：66660.1m^2
主体建筑结构形式：框架
主要外装修材料：铝板

Client: Nanjing High-Speed Rail Plaza Assets Management Co., Ltd.
Design partner: MADA s.p.a.m.
Purpose: business and office
Design / Completion year: 2014/2017
Project phase: completed
Location: south side of the high speed railway station building of Nanjing South Railway Station, Yuhuatai District, Nanjing, Jiangsu Province
Total floor area: 172,671.8 m^2
Land area: 66,660.1 m^2
Main build structure: frame structure
Main exterior decoration material: aluminum plate

3 | 4
5

3 办公东塔
4 办公西塔
5 南广场全景

青岛西站综合交通枢纽

高铁枢纽

Qingdao West Railway Station Comprehensive Transport Hub

作为高铁和城市交通转换的交通枢纽，项目不仅定位为交通集散中心，也是服务周边城镇和片区的城市综合服务区、宜人的市民性公共空间，以及青岛西海岸的新城地标和青岛的新门户，为具有复合功能的交通枢纽综合设施，汇集高铁、地铁、公交总站、长途客运站等多种交通方式，同时也承载了交通、办公、酒店、商业、旅游服务等多种功能。

设计中交通动线的组织紧密对接高铁站进出人流，通过高效率换乘实现以公共交通为导向的交通方式和空间组织，优化城市交通运行，提高公共交通和周边地块的活力；应用级差密度原则平衡功能需求量与土地开发量的关系，建设土地集约、环境友好的站前城市空间。

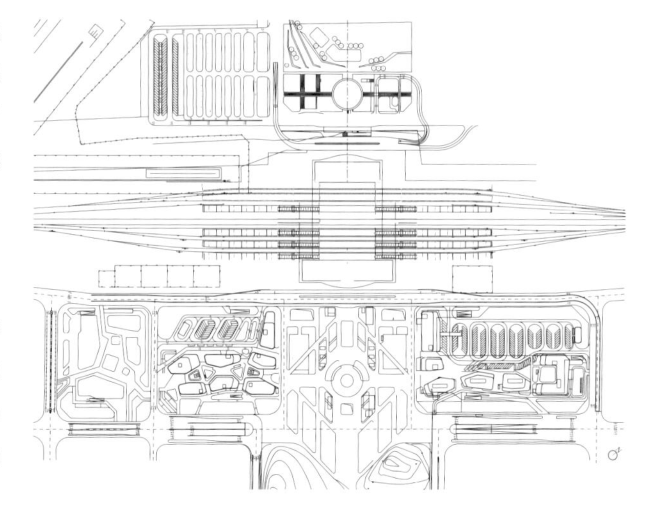

建设单位：青岛西海岸交通投资建设有限公司
用途：综合交通枢纽
设计 / 竣工年份：2017/2019
项目进展阶段：完成
建设地点：山东省青岛市
总建筑面积：186000m^2
用地面积：231500m^2
主体建筑结构形式：钢筋混凝土框架
主要外装修材料：铝板

Client: Qingdao West Coast Traffic Investment & Construction Co., Ltd.
Purpose: comprehensive transport hub
Design / Completion year: 2017/2019
Project phase: completed
Location: Qingdao, Shandong Province
Total floor area: 186,000 m^2
Land area: 231,500 m^2
Main structure: reinforced concrete frame
Main exterior decoration material: aluminum plate

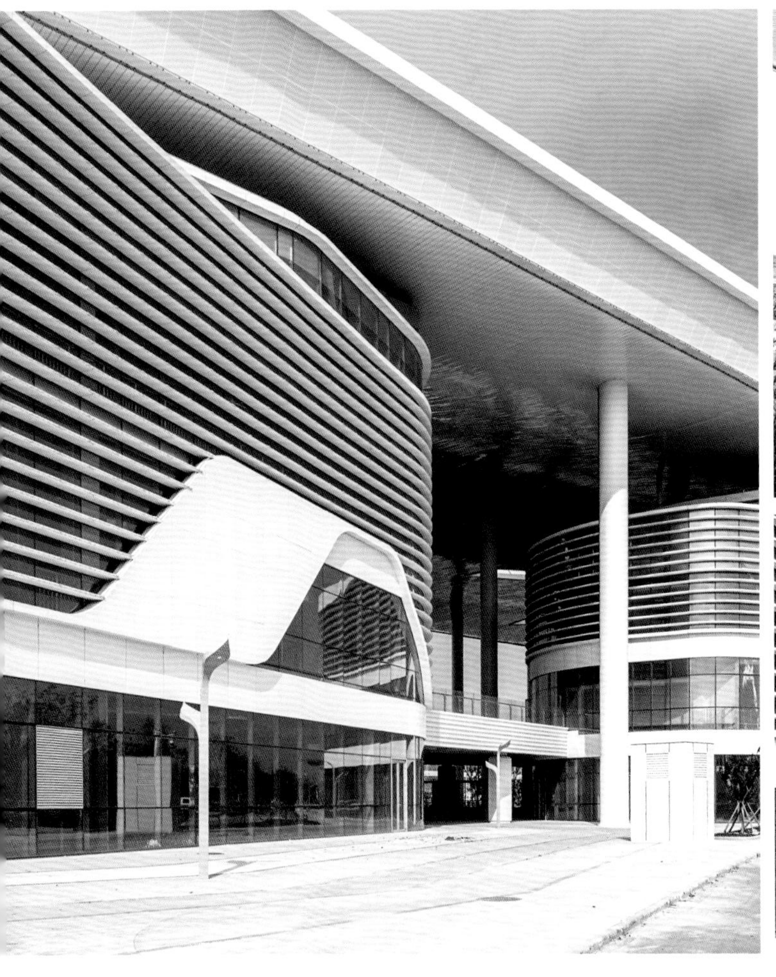

1 东翼长途客运换乘枢纽
2 总平面示意

3 建筑沿街实景
4 波浪屋盖下的商业空间
5 西翼公交枢纽站场
6 总体鸟瞰

盐城站

高铁枢纽

Yancheng Station

盐城站是徐宿淮盐客运线的主要工程，站型为线上式，2层高架候车，地道出站。站场5台12线，其中普速2台、高速3台。采用巨型钢桁架屋盖，跨度最大约145m。受到高架站线间立柱的条件启发，结构形式按照单层大跨排架体系的结构逻辑，形成12组三角锥结构单元，搭建出跨越站场的基本骨架。形体按照入口广厅空间放大、候车线性空间收窄的功能逻辑进一步塑造。最终在结构与功能的约束与伸展之间推演出一个完整的形式。

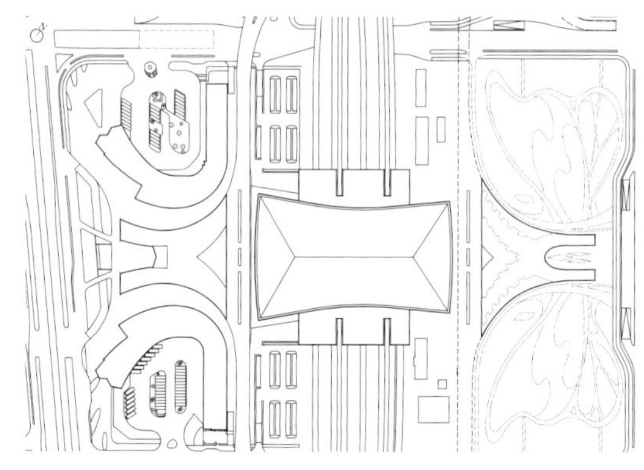

建设单位：苏北铁路公司、盐城市铁路投资发展有限公司
合作设计单位：中铁上海设计院集团有限公司、中设设计集团股份有限公司
用途：铁路站房、交通换乘枢纽
设计年份：2016—2018
项目进展阶段：完成
建设地点：江苏省盐城市亭湖区
枢纽建筑面积：199558m^2
站房建筑面积：49964m^2
地道建筑面积：7998m^2
地下建筑面积：149457m^2
站台雨棚面积：26678m^2
　无柱雨棚建筑面积：10833m^2
　有站台柱雨棚面积：15845m^2

Clients: North Jiangsu Railway Company, Yancheng Railway Investment Development Co., Ltd.
Design partners: China Railway Shanghai Design Institute Group Co., Ltd., Jiangsu Zhongshe Group Co., Ltd.
Purpose: railway station, transfer hub
Design year: 2016-2018
Project phase: completed
Location: Tinghu District, Yancheng, Jiangsu Province
Transfer hub building area: 199,558 m^2
Station building area: 49,964 m^2
Authentic building area: 7,998 m^2
Underground building area: 149,457 m^2
Platform canopy area: 26,678 m^2
　non-pillar canopy area: 10,833 m^2
　pillar canopy area: 15,845 m^2

1 远景俯瞰
2 总平面示意

3 鸟瞰
4 建筑局部

杭州艮山门动车所盖板项目

The Upper Cover Space Project of the Bullet Train in Hangzhou Genshanmen

杭州艮山门项目是全国首个高铁动车所上盖项目，涉及多种复杂结构体系，设计难度大，技术要求高，对于全国高铁城区建设具有标杆意义。艮山门项目将形成以立体城市为主体，打通路地界面，提升公共空间，以绿色空间为亮点的多功能、一体化、混合型综合集群。

本项目彻底解决了艮山门原址城市割裂的问题，未来将为杭州铁路枢纽赋予全新面貌，带动片区的城市更新，提升城市能级，带入现代化、高效化和科技感的全新城市高铁上盖综合开发。"站城一体"的创新形式使杭州成为各城市间的"链接点"，助力区域发展。

1 街区空间
2 总平面示意
3 全景俯瞰

建设单位：中国铁路上海局集团有限公司
用途：住宅、商业、办公、社区配套用房
设计年份：2018
项目进展阶段：在建
建设地点：杭州市拱墅区和上城区交界区域
总建筑面积：1112555m^2
用地面积：619277m^2
主体建筑结构形式：高层建筑为剪力墙和框架结构，多层建筑为框架结构
主要外装修材料：现浇钢筋混凝土墙体

Client: China Railway Shanghai Bureau Group Co., Ltd.
Purpose: residential, commercial, office, community supporting housing
Design year: 2018
Project phase: under construction
Location: Gongshu District and Shangchen District junction, Hangzhou
Total floor area: 1,112,555 m^2
Land area: 619,277 m^2
Main building structure: shear walls and frame structures (high-rise buildings), frame structures (multi-story buildings)
Main exterior decoration material: cast-in-place reinforced concrete wall

上海龙阳路综合交通枢纽项目总控

General Controller of Shanghai Longyang Business Core Area Project

本项目按照引领国际的城市门户建筑群和形象展示区的建设目标，结合基地区域定位，进行建筑风貌总体控制，体现出现代、大气、高效的气质。实施开放街区、活力街道等国际先进理念，打造7×24全时段活力街区，商业、办公、文化、娱乐、交通等功能合理布局，有机衔接，多元互补。

综合考虑二层连廊系统、广场空间、公共通道及街道空间、垂直交通系统、地下空间设计，营造舒适怡人、绿色开放的公共空间。结合地下环路、地下连通道、二层连廊、交通核等形成立体交通系统，做到快速到发、人车分流、客货分流，实现街坊间机动车互通，人行交通流线与商业空间、轨道交通车站充分融合，提升商业价值。

1 商业步行街
2 总平面示意

建设单位：上海地产龙阳置业发展有限公司
合作设计单位：株式会社日建设计
用途：商业、办公、文化
设计年份：2018
项目进展阶段：总控
建设地点：上海浦东新区花木龙阳地区
总建筑面积：2189118m²
用地面积：254367m²
主体建筑结构形式：钢筋混凝土
主要外装修材料：石材、玻璃

Client: Shanghai Real Estate Longyang Real Estate Development Co., Ltd.
Design partner: NIKKEN SEKKEI
Purpose: business, office and culture
Design year: 2018
Project phase: general controller
Location: Huamu Longyang area, Pudong, Shanghai
Total floor area: 2,189,118 m²
Land area: 254,367 m²
Main building structure: reinforced concrete
Main exterior decoration materials: stone, glass

3 门户广场
4 整体鸟瞰

南京江北新区地下空间工程

Underground Space of Jiangbei New Area in Nanjing

江北新区中心区地下空间一期工程植根于长三角地区的南京市。设计以人的活动为核心、导入“人车分流”的双“梯状”基盘系统，支撑高容量、高密度、高品质的城市CBD。核心轴路下所有管线纳入管廊并与地下空间结建，全面覆盖核心区所有地块，形成稳定的“城市命脉”。此外，地下空间基坑分区与整体实施并行，满足各地块开发进度需求，建立“可持续发展”的城市开发模式。

1 广场景观
2 总平面示意
3 全景剖视图

建设单位：南京市江北新区公共工程建设中心
合作设计单位：上海市政工程设计研究总院、株式会社日建设计
合作设计单位承担角色：市政、咨询
用途：综合体
设计年份：2017
项目进展阶段：施工图
建设地点：江苏省南京市江北新区
总建筑面积：1394427m^2
用地面积：512282m^2
主体建筑结构形式：框架剪力墙

Client: Public Engineering and Construction Center of Jiangbei New Area, Nanjing
Design partners: Shanghai Municipal Engineering Design Institute (Group) Co., Ltd., Nikken Sekkei Ltd.
Design partners' roles: municipal administration, consulting
Purpose: complex
Design year: 2017
Project phase: working drawing
Location: Jiangbei New Area, Nanjing, Jiangsu Province
Total floor area: 1,394,427 m^2
Land area: 512,282 m^2
Main structure: frame-shear wall

上海世纪汇广场

Shanghai Century Link

上海世纪汇广场坐落在上海浦东新区。项目为轨交4条线路换乘枢纽站上盖。整个项目包括办公、商业、餐饮和电影院等功能。沿世纪大道一侧，结合地铁换乘中心的布局，设计以弧形商业裙楼环绕下沉广场的造型形成视觉焦点。沿潍坊路的高层双塔楼建筑，与周边地块内的现有商业建筑共同围合出城市化的商业街空间。沿着东方路，组织以公交车站点为核心的步行系统，结合绿化带，形成一条崭新的商业街。

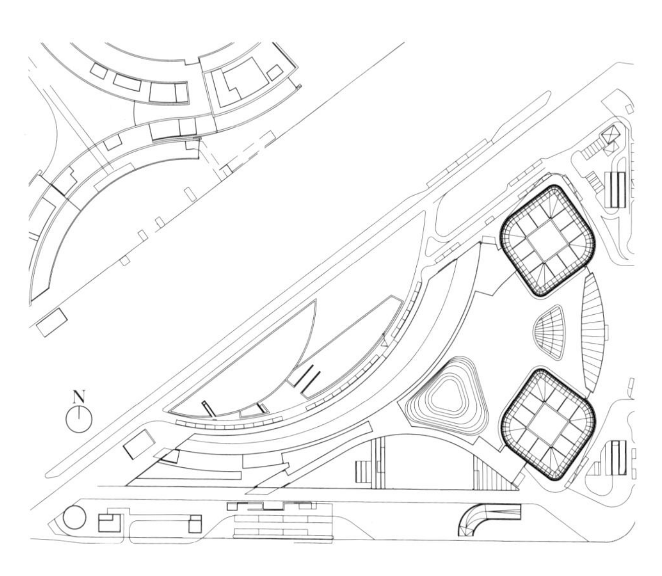

1 商业入口
2 总平面示意

建设单位：和记黄埔地产（上海）陆家嘴有限公司
合作设计单位：SOM（建筑）、JMK（结构）、ARUP（机电）
用途：商业、办公
设计/竣工年份：2006/2016
项目进展阶段：完成
建设地点：上海市浦东新区世纪大道2—4地块（世纪大道、潍坊路、东方路围合的街坊）
总建筑面积：366670m^2
用地面积：51281m^2
主体建筑结构形式：框筒结构（塔楼）、框架结构（裙楼）
主要外装修材料：玻璃幕墙（塔楼）、玻璃幕墙+铝型材+石材幕墙（裙楼）

Client: Hutchison Whampoa Property (Shanghai) Lujiazui Co., Ltd.
Design partner: SOM (architecture), JMK (structure), ARUP (electromechanical)
Purpose: commerce, office
Design / Completion year: 2006/2016
Project phase: completed
Location: Block 2-4, Century Avenue, Pudong New Area, Shanghai (Centre of Century Avenue, Weifang Road and Dongfang Road)
Total floor area: 366,670 m^2
Land area: 5,1281 m^2
Main building structure: frame-core tube structure (tower), frame structure (podium)
Main exterior decoration materials: glass curtain wall (tower), glass curtain wall + aluminum profile + stone curtain wall (podium)

3 世纪大道东方路口上空鸟瞰
4 商业楼屋顶花园
5 办公大堂
6 东方路上空鸟瞰

上海环贸广场

Shanghai IAPM Mall

上海环贸广场坐落于上海的中心地段，是集甲级办公、高档商场、高端住宅、地铁公交换乘枢纽等功能于一体的城市综合体。

沿淮海路为6层的商业裙房，高32m，充分延续和强化了淮海中路的商业业态和商业氛围，维持了淮海中路的传统尺度，体现了亲切宜人的近人效果。一号甲级办公塔楼位于东侧，高147m；二号甲级办公塔楼居中南侧，高161m；住宅楼位于西侧，高100m。三组塔楼尽量往南错落布置形成南高北低的空间态势，避免了建筑体量对淮海路沿街尺度的影响。

各塔楼形成了一个高度错落、富有变化的建筑组群，在淮海中路形成一个起伏的城市天际线高潮，成为充满活力和激情的空间节点。

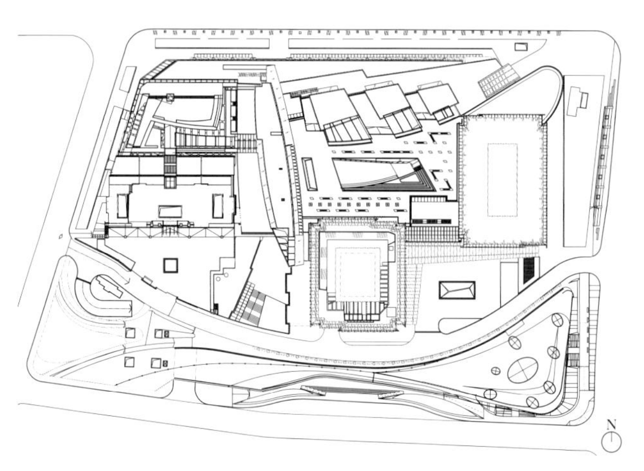

建设单位：上海万都国际大厦有限公司、上海万都国际大酒店有限公司
合作设计单位：王董国际有限公司、BENOY ARCHITECTS LTD、奥雅纳工程顾问、迈进机电工程顾问有限公司
合作设计单位承担角色：方案设计、初步设计、施工图设计
用途：商业、办公、住宅
设计/竣工年份：2008/2014
项目进展阶段：完成
建设地点：上海市淮海中路3号
总建筑面积：325327m^2
用地面积：39653m^2
主体建筑结构形式：钢筋混凝土框架、钢筋混凝土框架-核心筒结构
主要外装修材料：玻璃幕墙、石材幕墙

Clients: Shanghai Wandu International Building Co., Ltd, Shanghai Wandu International Hotel Co., Ltd.
Design partners: Wangdong Architectural Consultation Co., Ltd.; BENOY ARCHITECTS Ltd.; Ove Arup & Partners HK Ltd.; Meinhardt Shanghai Ltd.
Design partners' roles: scheme design, preliminary design, construction drawing design
Purpose: shopping mall, office, residential
Design/Completion year: 2008/2014
Project phase: completed
Location: No. 3 Huaihai Middle Road, Shanghai
Total floor area: 325,327 m^2
Land area: 39,653 m^2
Main building structure: reinforced concrete frame, reinforced concrete frame - core tube structure
Main exterior decoration materials: glass curtain wall, stone curtain wall

1 沿街局部
2 总平面示意

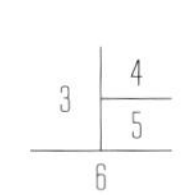

3 全景鸟瞰
4 沿街景观
5 街景
6 建筑局部

轨道交通上盖与立体城市

上海华润万象城

Shanghai CR Land Mixc

本项目位于上海吴中路和虹莘路之间，主要功能是办公、商业与酒店。基地内建筑分为5个区，其中一区为购物中心；二区为高层办公楼和两栋多层办公楼；三区为两栋高层办公楼和3栋多层办公楼；四区为商业楼和两栋高层办公楼及多层博物馆；五区包括高层酒店及单层商业。在单体设计上，满足使用功能要求，功能分区明确，流线清晰，提高建筑物的使用效率，同时注重建筑造型设计，处理好与周围建筑和环境的协调关系。项目依据环境、空间、效益的原则进行设计，体现出生态性、文化性、区域性、精致性及资源利用节约性。

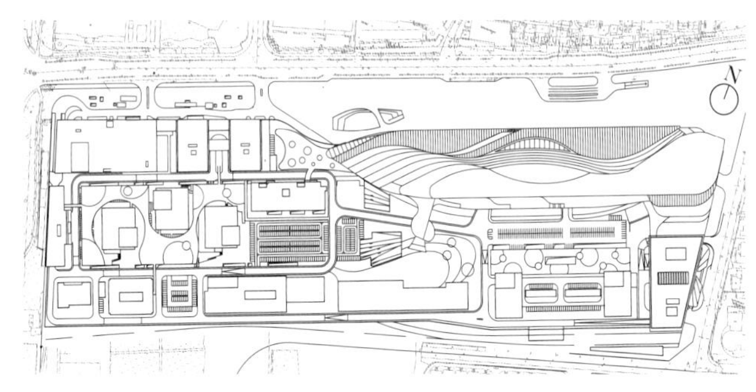

建设单位：上海通益置业有限公司
合作设计单位：RTKL, PB
合作设计单位承担角色：购物中心方案设计，扩初立面（RTKL）；整体规划及办公、商业楼原创设计（ECADI）；机电合作设计（PB）
用途：商业、办公、酒店综合体
设计/竣工年份：2011/2017
项目进展阶段：完成
建设地点：上海市闵行区，基地东临虹莘路，北靠吴中路，西靠环西大道，南至虹泉路
总建筑面积：523150m^2
用地面积：202375.5m^2
主体建筑结构形式：钢筋混凝土框架结构
主要外装修材料：玻璃、陶板幕墙

Client: Shanghai Tongyi Properties Co., Ltd.
Design partners: RTKL, PB
Design partners' roles:
RTKL: SD/DD (façade) of the shopping mall
ECADI: original design of the general layout and the office
PB: M & E codesign
Purpose: commercial, office & hotel
Design / Completion year: 2011/2017
Project phase: completed
Location: Minhang District, the base is adjacent to Hongshen Road (east), Wuzhong Road (north), Huanxi Avenue (west) and Hongquan Road (south)
Total floor area: 523,150 m^2
Land area: 202,375.5 m^2
Main building structure: reinforced concrete frame
Main exterior decoration materials: glass, terra-cotta panel curtain wall

1 建筑外观
2 总平面示意

3 广场景观
4 中庭
5 入口广场

济南中央商务区地下空间工程

Underground Space Project of Jinan CBD

本工程位于济南市东部燕山新区。项目为全地下开发，地上为中央商务区公园绿地。公共绿地的地下空间连接公园周边的超高层办公楼群，并紧密结合轨道交通枢纽站点，形成一个风雨无阻的全天候地下步行体系。项目旨在塑造具有标志性的“地下城市客厅”。

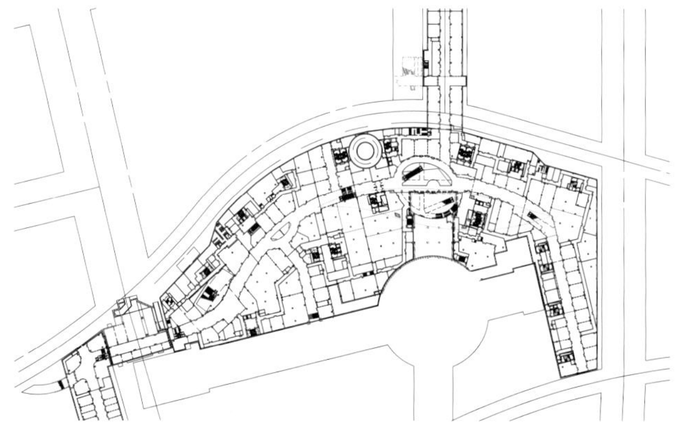

1 城市公共空间
2 总平面示意

建设单位：济南城市建设投资集团有限公司
合作设计单位：山东同圆集团设计有限公司
合作设计单位承担角色：施工图设计
用途：商业、市政
设计年份：2016
项目进展阶段：在建
建设地点：山东省济南市燕山新区中央商务区
总建筑面积：73955m^2
用地面积：67232m^2
主体建筑结构形式：钢筋混凝土框架

Client: Jinan Urban Construction and Investment Group Co., Ltd.
Design partner: Shandong Tongyuan Design Group Co., Ltd.
Design partner's role: construction drawing
Purpose: retail, municipal administration
Design year: 2016
Project phase: under construction
Location: CBD, Yanshan New Area, Jinan, Shandong Province
Total floor area: 73,955 m^2
Land area: 67,232 m^2
Main structure: reinforced concrete frame

3 街景
4 区域布局
5 区域景观

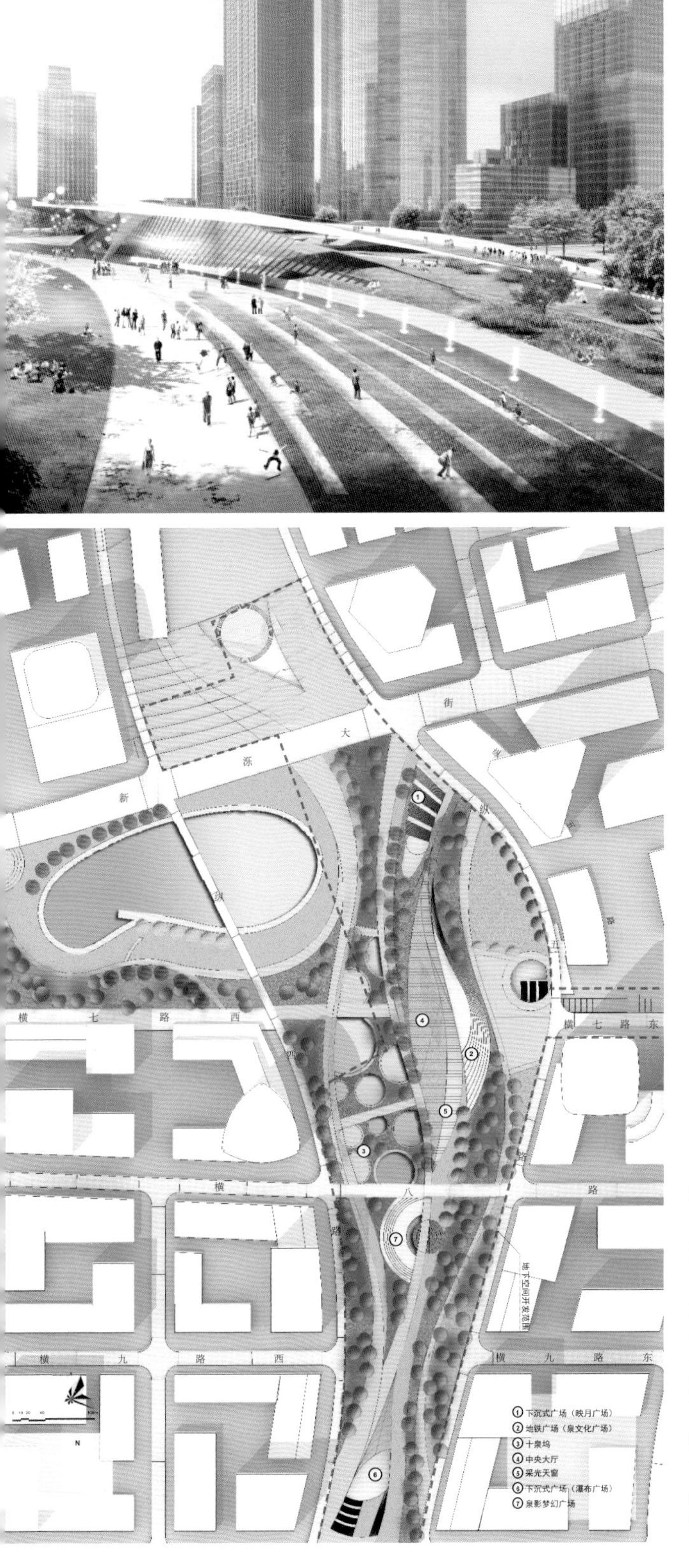

杭州江河汇/杭州国际金融中心汇东地块项目

Hangzhou Jianghehui River / Hangzhou IFC East

项目位于杭州市钱江新城二期，东临钱塘江，毗邻地铁6号线和9号线的换乘站三堡站，周边社区建设成熟。

作为杭州江河汇城市综合体的重要组成部分，汇东地块项目有4块建设用地、一个市政公园用地、3条城市道路及地下环路，整体开发打造成为复合甲级办公区、高端酒店、高端集中商业、高端住宅的大型城市综合体，与汇中公园、汇西地块综合成为钱江新城乃至杭州市的新地标。

建设单位：杭州新汇东置业有限公司
合作设计单位：
　建筑设计顾问：扎哈 · 哈迪德建筑事务所
　商业设计顾问：Lead8 Hong Kong Limited
　住宅设计顾问：浙江绿城建筑设计有限公司
　机电/海绵城市/绿建设计顾问：科进顾问(亚洲) 有限公司
用途：办公、商业、住宅、娱乐康体、酒店、幼儿园、公交首末站、市政道路及公园
设计年份：2019
项目进展阶段：在建
建设地点：杭州市上城区钱江新城二期钱江路、运河东路
总建筑面积：1145923m^2
用地面积：157624m^2
主体建筑结构形式：钢筋混凝土框架—核心筒结构体系及钢筋混凝土框架
主要外装修材料：铝板、玻璃组合幕墙及铝合金带形窗

Client: Hangzhou River East Estates Co., Ltd.
Design partners:
　Architectural Design Consultant: Zaha Hadid Architects
　Commercial Design Consultant: Lead8 Hong Kong Limited
　Residential Design Consultant: Zhejiang Greenton Architectural Design Co., Ltd.
　Mechanical/Sponge City/Green Building Design Consultant: WSP Consultants (Asia) Limited
Purpose: office, commercial, residential, recreation, hotel, kindergarten, bus terminal stand, municipal roads and parks
Design year: 2019
Project phase: under construction
Location: Phase II of Qianjiang New Town, Shangcheng District, Hangzhou, Zhejiang Province
Total floor area: 1,145,923 m^2
Land area: 157,624 m^2
Main building structure: reinforced concrete frame - core barrel structure system & reinforced concrete frame
Main exterior decoration materials: aluminum panel and glass combination curtain wall system, aluminum window system

1 沿江远眺
2 总平面示意

3 鸟瞰
4 滨水景观

上海北外滩贯通和综合改造提升工程一期项目

（北外滩世界会客厅）

The Grand Halls in Shanghai

本项目立足上海北外滩区位优势、丰富的文化和历史资源，坐拥外滩和陆家嘴的绝佳视野，以黄浦江贯通工程为契机，打造国际级重大会议中心，推进北外滩区域城市更新，形成新的城市地标。

新建1号楼利用BIM技术对立面节点进行细致品控和设计推敲。历史建筑2号楼、3号楼采用三维激光扫描进行信息采集和测绘，对剥除后的清水砖和室内空间进行高精度点云数据扫描。为满足功能定位、空间、安全使用需要，2号楼、3号楼抬升到新的贯通平台高度，内部采用“换胆”改造，结构置换为钢结构，提升防火等级和耐火极限。拆卸保留具有特色的钢柱、木梁等构件，结合后续室内装饰予以再利用。本项目也是国内首次应用防弹玻璃技术的大型公共建筑。

建设单位：上海久事北外滩建设发展有限公司
用途：会议中心
设计/竣工年份：2018/2021
项目进展阶段：完成
建设地点：上海市黄浦路
总建筑面积：99000m^2
用地面积：19562m^2
主体建筑结构形式：钢支撑框架结构
主要外装修材料：花岗石、玻璃幕墙、清水砖墙、不锈钢镀钛板

Client: Shanghai Jiushi North Bund Development Co., Ltd.
Purpose: convention center
Design/ Completion year: 2018/2021
Project phase: completed
Location: Huangpu Road, Shanghai
Total floor area: 99,000 m^2
Land area: 19,562 m^2
Main building structure: steel braced-frame structure
Main exterior decoration materials: granite, glass curtain wall, plain brick wall, titanium stainless steel plate

会客厅全景

上海北外滩贯通和综合改造提升工程一期项目

（北外滩世界会客厅）

The Grand Halls in Shanghai

1 会客厅效果图
2 3号楼大厅

3 1号楼迎宾厅
4 3号楼展厅前厅
5 1号楼峰会厅
6 2号楼主会场

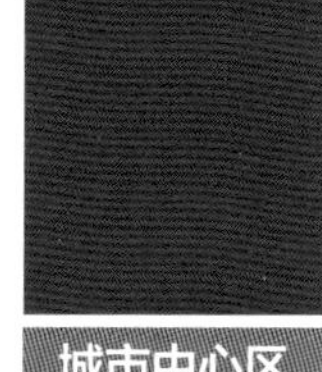

北外滩核心区设计总控

North Bund Core Area Overall Design Management and Implement Proposals

北外滩位于上海浦江之畔，呈现一心两片的整体格局，中部核心商务区高强度、紧凑开发，打造新时代顶级中央活动区。本项目统筹考虑地下空间、空中连廊、中央绿轴三大系统，在核心区内构建立体空间网络，串联三个层面的慢行系统。

核心区内规划建设11个街坊、用地面积21.4hm^{2}的慢行优先区，并在中央区域设置6个街坊、用地约9.3hm^{2}的无车区，内部设置约7hm^{2}的城市绿肺。4.5km的空中连廊提供丰富观景和休闲体验，是功能与艺术并重的北外滩空间标志。核心区建设约96万m^{2}地下空间，地下步行空间实现人行可达范围最大化。其中无车区约60万m^{2}地下空间全面连通，通过下沉广场引入“风光水绿”，提升品质，创造活力，打造舒适宜人的城市空间。

1 公共空间
2 沿江鸟瞰

建设单位：北外滩集团
用途：商业、办公、酒店、住宅
项目进展阶段：方案
建设地点：上海市虹口区北外滩
总建筑面积：2977860m²
用地面积：214076m²

Client: North Bund Group
Purpose: commercial, office, hotel, residence
Project phase: schematic design
Location: North Bund, Hongkou District, Shanghai
Total floor area: 2,977,860 m²
Land area: 214,076 m²

城市中心区
更新开发

上海黄浦区160街坊保护性综合改造工程

Comprehensive Reconstruction of Block 160 in Huangpu District, Shanghai

上海黄浦区160街坊位于外滩历史风貌区重要位置。本次改造保留地块内的上海市文物保护单位原工部局大楼和保留历史建筑红楼。

160街坊保护性综合改造旨在保留城市记忆的同时，重置功能业态，激活场所精神。延续街区历史风貌，补全城市沿街界面，形成围合性“矩形环”，在建筑形态语言上展开新老时空对话。在西南角打开出入口，与东南角形成呼应，连通街坊内外，打造城市公共客厅，激活街区空间。更新后的160街坊融办公、商业、文化于一体，追溯城市记忆，使市民感受到街区复兴的活力，成为上海外滩新地标。

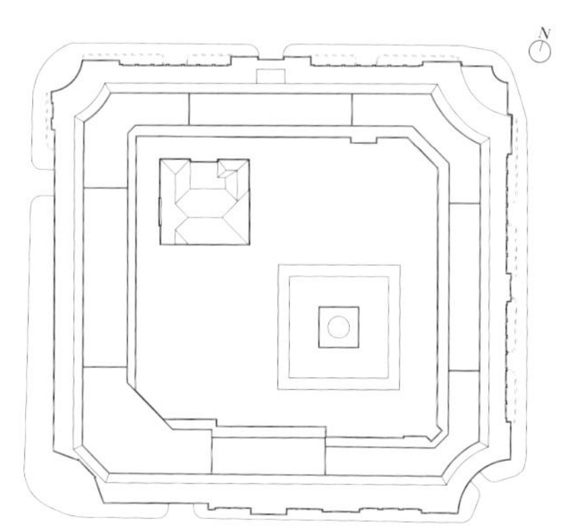

建设单位：上海外滩老建筑投资发展有限公司
合作设计单位：戴卫奇普菲尔德建筑方案咨询（上海）有限公司、上海章明建筑设计事务所（有限合伙）
合作设计单位承担角色：建筑专业方案及扩初设计
用途：办公、商业、文化
设计年份：2018—2020
项目进展阶段：在建
建设地点：上海市黄浦区
总建筑面积：67495m^2
用地面积：15325m^2
主体建筑结构形式：钢框架—支撑体系（新建建筑部分）
主要外装修材料：幕墙（新建建筑部分）

Client: Shanghai Bund Old Architecture Investment Development Co., Ltd.
Design partners: David Chipperfield Architects, Shanghai Zhangming Architecture Design Firm (Ltd. Partnership)
Design partner's roles: scheme design, design development
Purpose: office, business, culture
Design year: 2018-2020
Project phase: under construction
Location: Huangpu District, Shanghai
Total floor area: 67,495 m^2
Land area: 15,325 m^2
Main building structure: steel frame - braced system
Main exterior decoration material: curtain wall

1 全景鸟瞰
2 总平面示意

3 庭院建筑
4 河南中路与福州路转角
5 五层露台

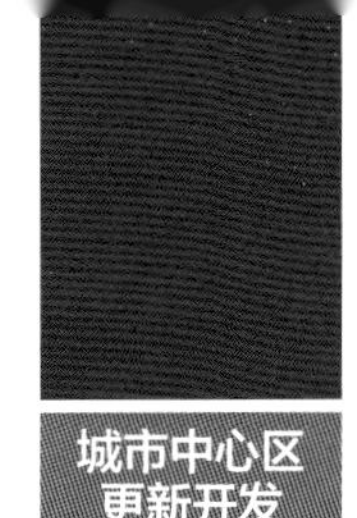

城市中心区
更新开发

上海南京东路步行街风貌区城市更新与既有改造系列

Renovation Projects of Nanjing East Road in Shanghai

本项目系列聚焦风貌区的城市公共空间和建筑品质的卓越提升。

南京路步行街东拓公共空间研究项目（A），系统挖掘风貌区的资源特色，承接步行街商业活力及空间特征，创造高品质公共空间和活力街区。

南京东路179号街坊成片保护改建工程（B），修缮或新建中央商场和美伦大楼等7栋历史建筑、现代建筑、十字内街玻璃穹顶，实现功能置换的活力目标。

南京东路201号楼改造项目（C），尊重历史风貌，将原有高层办公楼改造为城市精品酒店，包括客房、顶层餐厅、后勤用房等，并新建共享大堂、泳池等裙房。

世茂国际广场商场部分装修装饰改建工程（D），提升购物功能的便利性，室外和中庭的自动扶梯直达高区和形成环形交通流线。立面改造聚焦广场门户形象、广告位等。

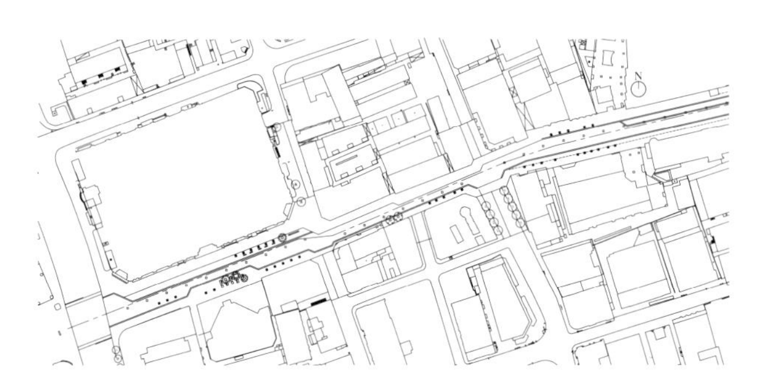

建设单位：上海市黄浦区市政工程管理所（A），上海中央商场投资有限公司（B），鲁能集团有限公司（C），世茂国际广场有限责任公司（D）
合作设计单位：如恩（C），KOKAI STUDIOS（D）
用途：商业、文化（A），办公、商业（B），酒店（C），商业、酒店（D）
设计/竣工年份：2019/2020（A），2013/2022（B），2015/2018（C、D）
项目进展阶段：竣工（A、C、D），部分竣工（B）
建设地点：上海市黄浦区南京东路步行街
总建筑面积：63194m²（B），22008.25m²（C），175027m²（D）
用地面积：16000m²（A），9621m²（B），1951.61m²（C），13025m²（D）
主体建筑结构形式：钢框架（B、C、D）、钢筋混凝土结构（B）
主要外装修材料：水刷石（历史建筑）（B）、石材（B）、面砖（C）、玻璃幕墙（B、C、D）

Clients: Shanghai Huangpu Municipal Engineering Management Institute (A), Shanghai Bund Investment (Group) Co., Ltd. (B), Luneng Group Co., Ltd. (C), Shanghai Shimao International Square Co., Ltd. (D)
Design partners: Neri & Hu (C), KOKAI STUDIOS (D)
Purpose: commercial, cultural (A); office, commercial (B); hotel (C); commercial, hotel (D)
Design / Completion year: 2019/2020 (A), 2013/2022 (B), 2015/2018 (C, D)
Project phase: completed (A, C, D); partly completed (B)
Location: Nanjing Pedestrian Road, Huangpu District, Shanghai
Total floor area: 63,194 m² (B); 22,008.25 m² (C); 175,027 m² (D)
Land area: 16,000 m² (A); 1,951.61 m² (C); 13,025 m² (D)
Main building structure: steel-frame construction (B, C, D), reinforced concrete frame and steel frame (B)
Main exterior decoration materials: granite plaster (historical buildings, B), granite curtain wall (B), face brick(C), glass curtain wall (B, C, D)

1 步行街风貌
2 总平面示意

3 世茂国际广场
4 步行街景观
5 外滩中央商业区
6 艾迪逊酒店

城市中心区
更新开发

上海科学会堂1号楼保护工程

Preservation of Building Number 1 of Shanghai Science Hall

上海科学会堂1号楼是一座具有法国文艺复兴特征和法式乡村建筑风格的建筑。大楼始建于1904年，原为法国总会、法童学校，1956年起作为上海科学技术协会的办公会务场所使用至今。

本次保护修缮工程尊重和保护原有结构体系和空间格局，根据历史资料复原外墙卵石饰面、室外平台、外门窗等，恢复室内空间布局及特色装饰；并在不破坏建筑历史风貌的前提下，植入现代设备、无障碍设施等提升安全性和舒适性，使科学会堂成为延续历史文脉并适应现代办公和学术活动的高档会务场所。

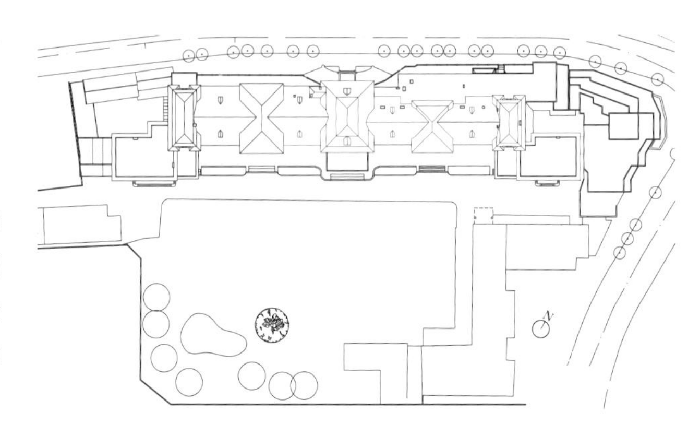

建设单位：上海市科学技术协会
合作设计单位：华建集团建筑装饰环境设计研究院有限公司、华建集团工程建设咨询有限公司
咨询单位承担角色：室内、结构、机电
用途：文化、办公
设计/竣工年份：2010/2013
项目进展阶段：完成
建设地点：上海市南昌路47号
总建筑面积：5845m^2
主体建筑结构形式：两层砖混结构
主要外装修材料：卵石饰面

Client: Shanghai Association for Science and Technology
Design partners: Institute of Shanghai Architecture Design and Research Co., Ltd., Institute of Architecture Design and Decoration Co., Ltd.
Consulting partners' roles: Interior design, structural design, electromechanical design
Purpose: culture, office
Design / Completion year: 2010/2013
Project phase: completed
Location: No. 47, Nanchang Road, Shanghai
Total floor area: 5,845 m^2
Main building structure: brick-concrete structure
Main exterior decoration material: pebble finish

1 大礼堂
2 总平面示意

3 鸟瞰
4 南立面一层走廊
5 一层大堂

上海基督教圣三一堂修缮及钟楼修复工程

The Renovation of Holy Trinity Church & Repair of Clock Tower

圣三一堂是19世纪上海的哥特复兴式标志性建筑，也是中国现存的最老一座英国国会教堂。教堂主体于1866—1869年建造，平面呈拉丁十字布局。新中国成立后于1955年大修，恢复教堂功能。但又在“文革”时期遭到严重破坏。1977年被改造为某单位礼堂。1989年被列入上海市文物保护单位，是上海市公布的第一批优秀近代建筑。

对该教堂进行全面的修缮恢复，同时进行现代化设备的更新，并对其周遍环境进行统一整治规划设计，恢复该教堂20世纪30年代鼎盛时期的历史风貌，使其成为上海一道新的美丽风景线。

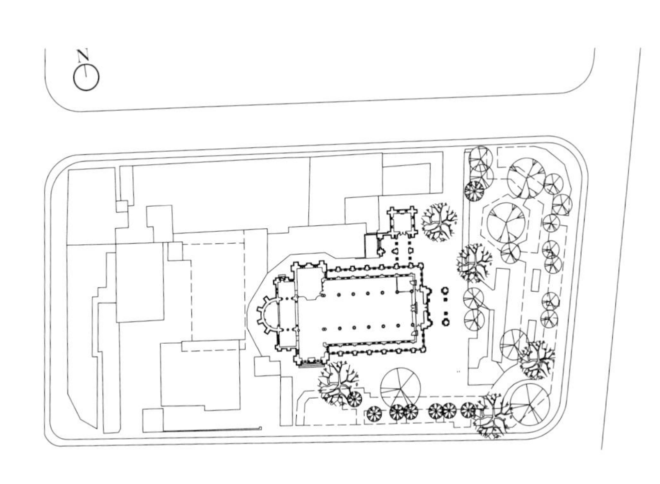

1 东南方向景观
2 总平面示意

建设单位：中国基督教三自爱国运动委员会、中国基督教协会
合作设计单位（外墙修缮部分）：上海章明建筑设计事务所
用途：宗教建筑
设计/竣工年份：2005/2010
项目进展阶段：完成
建设地点：上海黄浦区市九江路219号
总建筑面积：2500m^2
用地面积：3500m^2

Clients: National Committee of Three-Self Patriotic Movement of the Protestant Churches in China, China Christian Council
Design partner (exterior wall repair) : Shanghai Zhangming Architects
Purpose: religious building
Design / Completion year: 2005/2010
Project phase: completed
Location: No. 219, Jiujiang Road, Huangpu District, Shanghai
Total floor area: 2,500 m^2
Land area: 3,500 m^2

3 室内空间
4 局部空间
5 南侧空间
6 全景

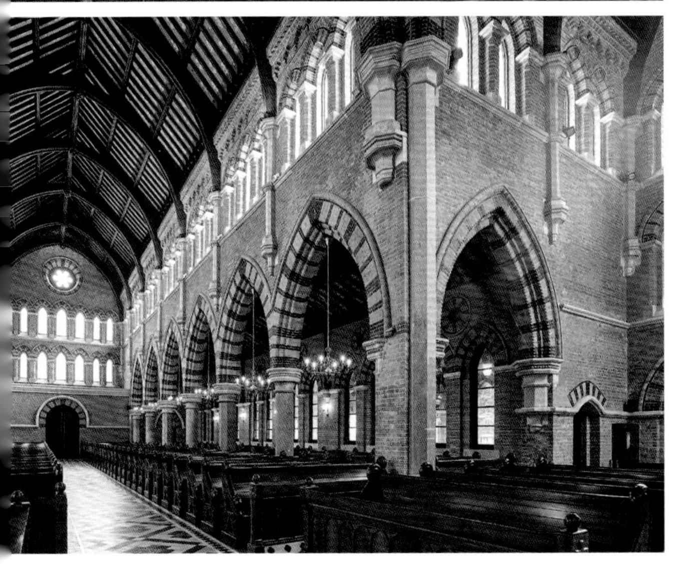

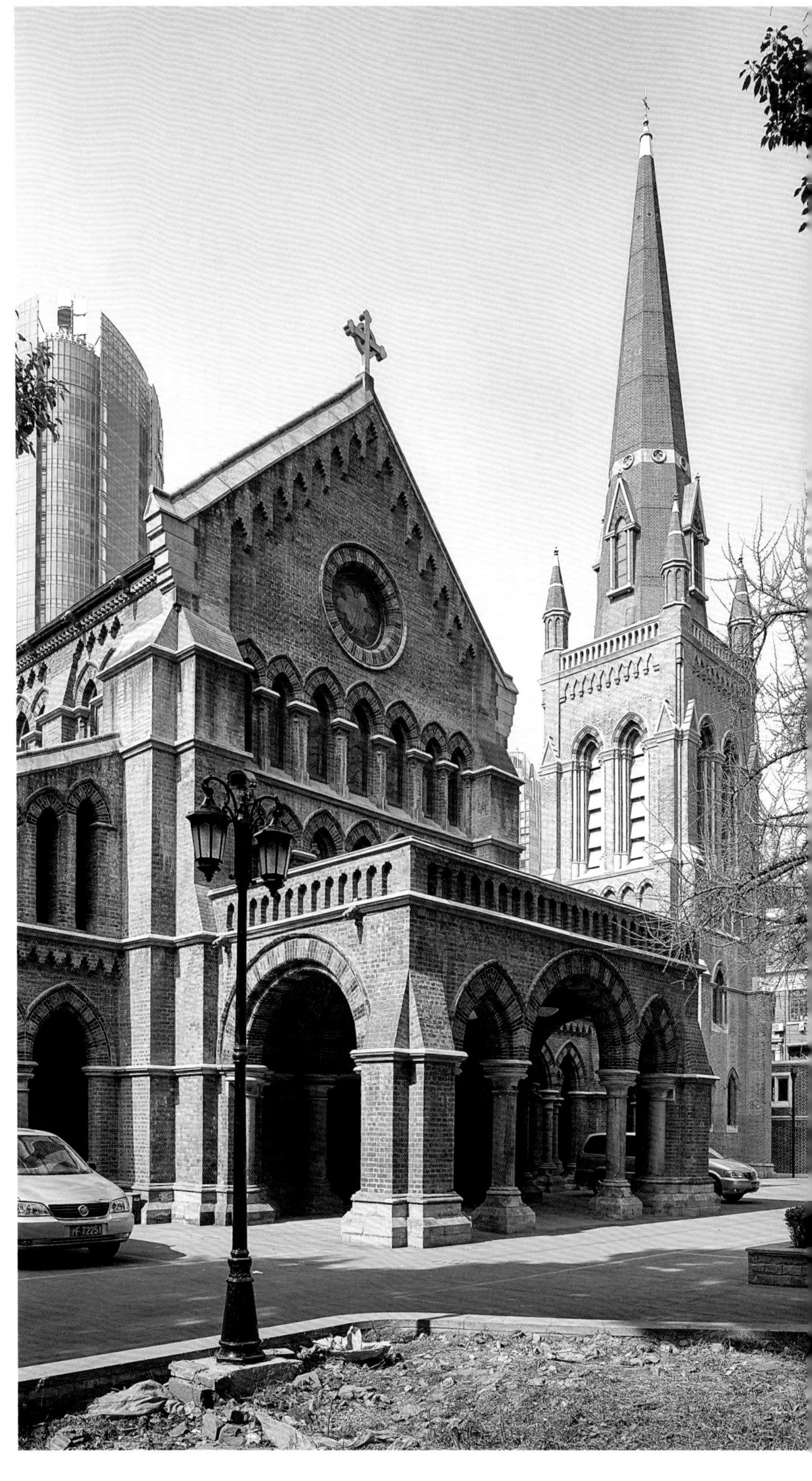

城市中心区
更新开发

上海中国民生银行大厦

China Minsheng Bank Mansion in Shanghai

原中商大厦始建于20世纪90年代中期，位于上海市浦东陆家嘴金融贸易区内，共35层，总高约为135m，建成后未投入使用。中国民生银行购买原中商大厦，根据金融机构的使用及城市环境的要求，重新规划、设计和改造。

总体平面做整合处理，使得改建后主体建筑布局完整。扩大原地下室，用以解决大量机动车停车位需求。在建筑平面上补齐原平面角部残缺的部分，并沿四边边柱轴线向外出挑约4m，提高楼层的使用效率。将一侧7层旧建筑裙房拆除，把另一侧4层裙房加高到6层，使得主楼3个立面直接拔地而起，通体中空low-E玻璃幕墙形象表达出建筑的纯粹性和力量感。

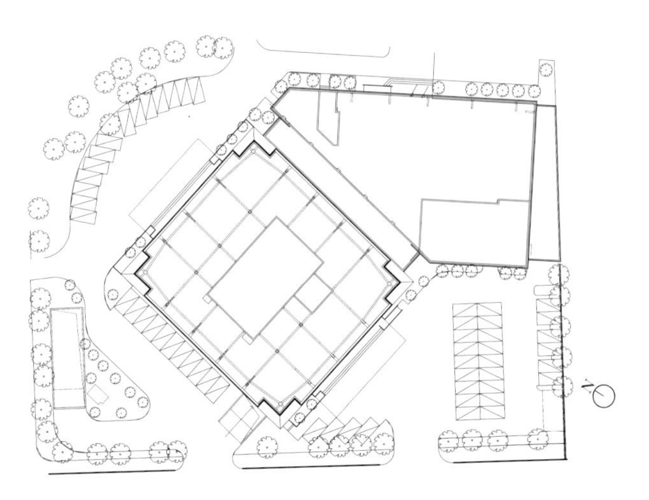

1 夜景
2 总平面示意

建设单位：中国民生银行
用途：办公建筑
设计/竣工年份：2004 / 2009
项目进展阶段：完成
建设地点：上海市浦东南路100号
总建筑面积：94256.36m^2
用地面积：8990m^2
高度：188.6m
层数：45
主体建筑结构形式：框筒
主要外装修材料：玻璃幕墙

Client: China Minsheng Banking Corp., Ltd.
Purpose: office building
Design / Completion year: 2004 / 2009
Project stage: completed
Location: No.100, Pudong South Road, Shanghai
Total floor area: 94,256.36 m^2
Land area: 8,990 m^2
Height: 188.6 m
Number of floor: 45
Main building structure: framed-tube
Main exterior decoration material: glass curtain wall

3 办公室
4 会议厅
5 室内公共空间
6 全景

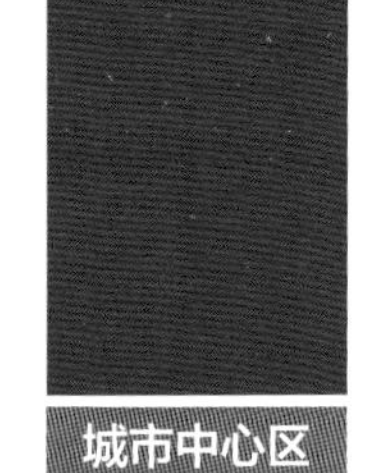

南京民国首都电厂码头遗址公园

Industrial Heritage Site of Xiaguan Power Station Wharf in Nanjing

民国首都电厂码头旧址公园位于南京市下关区，毗邻长江。项目设计主要对电厂码头内的既有建筑和场地进行改造和再利用。

工程保留基地内的机器以及原建筑所组成的空间关系，立面风格按建设单位要求与中山码头改造后风格一致，通过红砖墙白线角的老德式风格表达历史的厚重感，其间穿插金属与玻璃构成的通透体块，新旧之间形成对比。

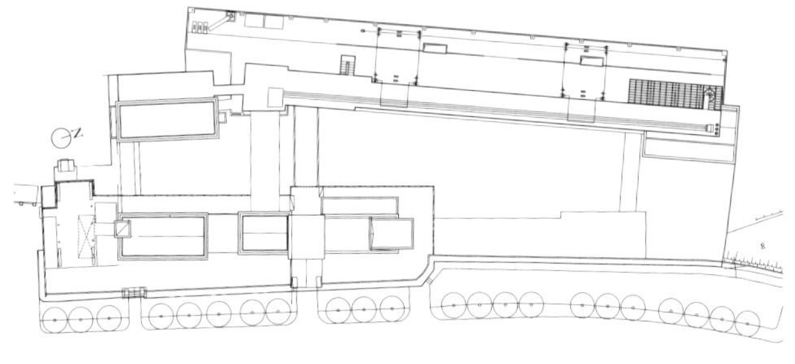

1 室内空间
2 总平面示意

建设单位：南京下关滨江开发建设投资有限公司
用途：文化展览
设计/竣工年份：2012/2015
项目进展阶段：完成
建设地点：江苏省南京市下关区
总建筑面积：3922m^2
用地面积：9164.5m^2
主体建筑结构形式：框架结构
主要外装修材料：面砖

Client: Nanjing Xiaguan Binjiang Development and Construction Investment Co., Ltd.
Purpose: culture & exhibition
Design / Completion year: 2012/2015
Project phase: completed
Location: Xiaguan District, Nanjing, Jiangsu Province
Total floor area: 3,922 m^2
Land area: 9,164.5 m^2
Main building structure: frame structure
Main exterior decoration material: facing brick

3 | 4
5

3 入口空间
4 建筑局部
5 沿江鸟瞰

上海申都大厦改建工程

Reconstruction of Shendu Mansion in Shanghai

上海申都大厦原建于1975年，为混凝土框架结构的3层车间；1995年加建为6层办公楼。

本项目的设计以绿色三星为改造目标，全力打造舒适惬意的办公微环境。立面采用开放的内外双层立面系统。内立面系统保留了原来老的梁柱结构，层间装配高性能Low-E玻璃；外立面系统则是两榀全新绿色桁架，由60块模数化的绿色金属网板和多品类混种的垂直绿化构成。经能耗分析，改造后的整栋建筑节能率可以达到60%以上。

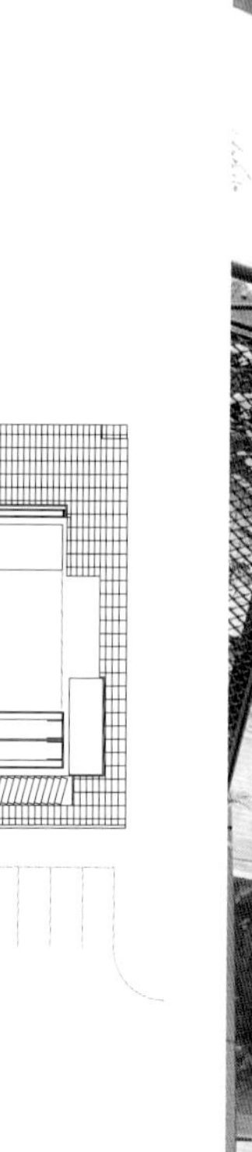

1 局部立面
2 总平面示意

建设单位：上海现代建筑设计（集团）有限公司
用途：办公
设计/竣工年份：2009/2012
项目进展阶段：完成
建设地点：上海市黄浦区西藏南路1368号
总建筑面积：6875m^2
用地面积：2038m^2
主体建筑结构形式：混凝土/钢框架结构
主要外装修材料：金属拉伸网构架+氟碳涂料饰面

Client: Shanghai Xiandai Architectual Design Group Co., Ltd.
Purpose: office
Design / Completion year: 2009/2012
Project phase: completed
Location: No. 1368, South Xizang Road, Huangpu District, Shanghai
Total floor area: 6,875 m^2
Land area: 2,038 m^2
Main building structure: reinforced concrete / steel frame structure
Main exterior decoration materials: metal stretch mesh + fluorocarbon coating finish

3 立面细部
4 沿街立面
5 街景

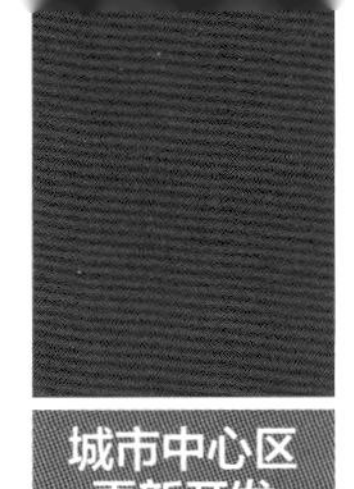

上海万科延安西路1262号地块工程（上生新所）

Vanke plot in Number 1262 Yan'an West Road (Columbia Circle), Shanghai

上生新所地块内包括了美国建筑师艾利奥特·哈扎德（Elliott Hazzard）设计的哥伦比亚乡村俱乐部、邬达克（Laszlo Hudec）设计的孙科住宅等历史建筑遗产，以及十余栋曾作为科研办公和生产实验功能的既有建筑，设计团队通过历史风貌保护、功能更新改造提升地块品质，从而打造历史与现代交融的新活力城市街区，成为上海城市更新的又一力作。

1 园区风貌
2 总平面示意

建设单位：上海万宁文化创意产业发展有限公司
合作设计单位：（荷兰）大都会建筑事务所
合作设计单位承担角色：方案
用途：商业、办公
设计年份：2016
项目进展阶段：完成
建设地点：上海市延安西路1262号
总建筑面积：23968m^2
用地面积：28400m^2
主体建筑结构形式：钢筋混凝土框架结构、砖混结构、砖木混合结构
主要外装修材料：涂料、瓷砖、水刷石、花岗岩、不锈钢、GRC板、玻璃幕墙

Client: Shanghai Wanning Cultural Creativity Industry Development Co., Ltd.
Design partner: OMA
Design partner's role: plan
Purpose: business, office
Design year: 2016
Project phase: completed
Location: No. 1262, Yan'an West Road, Shanghai
Total floor area: 23,968 m^2
Land area: 28,400 m^2
Main building structure: reinforced concrete frame structure, brick-concrete structure, brick and wood structure
Main exterior decoration materials: coating, ceramic tile, granitic plaster, granite, stainless steel, GRC panel, glass curtain wall

3 | 4
5

3 半室外水景
4 广场空间
5 孙科别墅

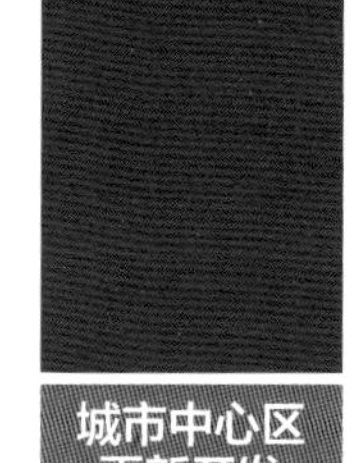

城市中心区
更新开发

西安大华1935

Dahua Cotton Mill 1935 in Xi'an

大华纱厂始建于1934年，是中国西北民族工业兴起的第一家工厂，2018年入选第一批“中国工业遗产保护名录”。本次更新重点在重塑整体商业氛围，在保留工业遗产历史记忆的同时融入创新元素，打造多元业态场所。

二次更新设计概念来自“线”——Xi'an——西安的拼音，“线”暗藏了大华纱厂作为西安纺织业先驱的身份，“线”也连接了人与空间的关系。现有的6座厂房建筑被划分为既独立又串联的主题空间，将空间业态结合富有时代气息又不乏在地文脉的关联性艺术装置，贯穿整个商业动线，吸引游客驻足，在现实情景以及虚拟网络中，与新生的大华1935亲密互动。

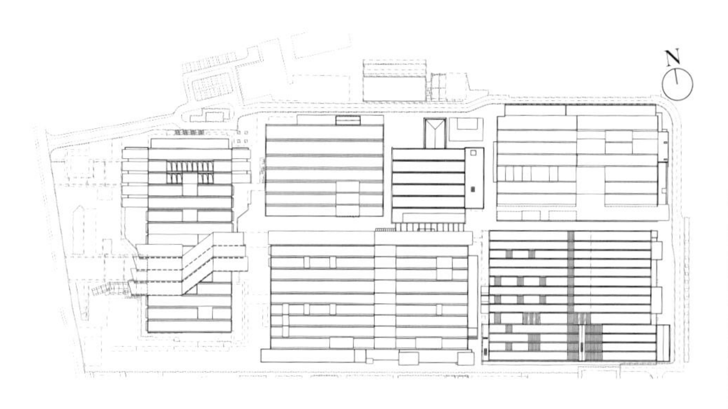

1　商业区
2　总平面示意

建设单位：西安曲江复地文化商业管理有限公司
合作设计单位：伍兹贝格建筑设计咨询（上海）有限公司、西部建筑抗震勘察设计研究院有限公司、思迈建筑咨询（上海）有限公司
合作设计单位承担角色：建筑方案设计、结构施工图设计、机电顾问
用途：商业
设计年份：2018
项目进展阶段：在建
建设地点：陕西省西安市新城区太华南路251号
总建筑面积：71325.1m^2
用地面积：96044.5m^2
主体建筑结构形式：排架结构
主要外装修材料：清水砖、水泥砂浆、耐候板、玻璃幕墙

Client: Xi'an Qujiang Forte Culture and Business Management Co., Ltd.
Design partners: Woods Bagot (Shanghai), Western Institute of Seismic and Building Design Ltd., Squire Mech (Shanghai)
Design Partners' roles: architectural design, structural working drawings design, electromechanical consulting
Purpose: business
Design year: 2018
Project phase: under construction
Location: No. 251, Taihua South Road, New Urban District, Xi'an, Shannxi Province
Total floor area: 71,325.1 m^2
Land area: 96,044.5 m^2
Main building structure: bent structure
Main exterior decoration materials: fair-faced brick, cement mortar, weather-resistant panel, glass curtain wall

3 | 4
5

3 建筑入口
4 广场空间
5 全景鸟瞰

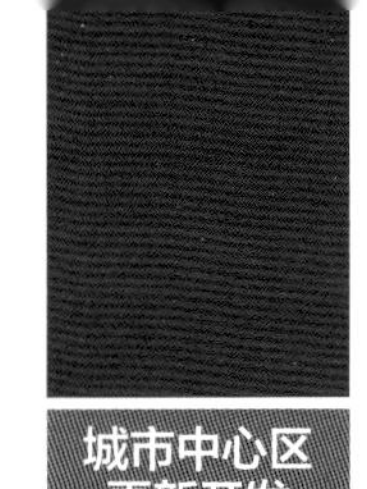

城市中心区
更新开发

上海机场城市航站楼改建工程

Shanghai City Airport Terminal Building Renovation Project

上海机场城市航站楼于2002年建成并投入运营，曾为保障航空旅客出行发挥了重要作用。随着移动互联技术的发展和旅客出行习惯的改变，2012年，航空公司终止办票和行李托运业务，二楼航空办票大厅闲置至今。

静安区与上海机场集团决定启动全面改造。本次改建在用地性质、总建筑面积、主要使用功能均不变的前提下，依然定位于集城市航站业务与商业、办公等多种服务于一体的综合楼，旨在提升城市航站楼对静安寺商圈的辐射带动作用，真正将航空功能与服务延展至核心商圈内，打造具有上海机场特色的服务品牌，助力提升上海航运中心建设。

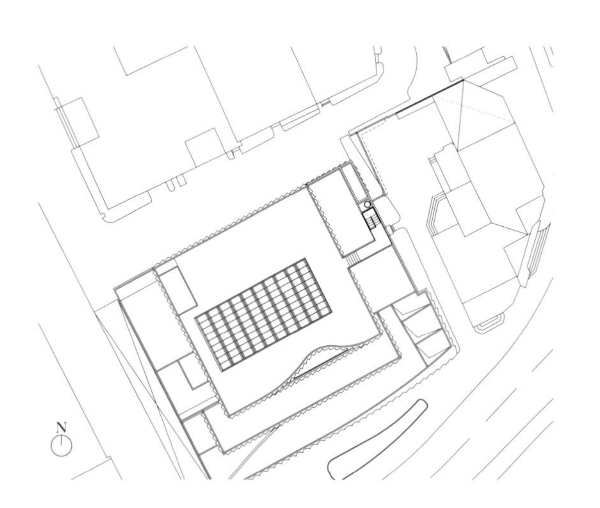

1 室内空间
2 总平面示意

建设单位：上海机场（集团）有限公司
用途：城市航站楼
设计年份：2020
项目进展阶段：在建
建设地点：上海市静安区南京西路1600号
总建筑面积：32885.5m^2
用地面积：3972m^2
主体建筑结构形式：框架结构
主要外装修材料：玻璃幕墙、UHPC装饰板

Client: Shanghai Airport (Group) Co., Ltd.
Purpose: city air terminal
Design year: 2020
Project phase: under construction
Location: No. 1600, Nanjing West Road, Jing'an District, Shanghai
Total floor area: 32,885.5 m^2
Land area: 3,972 m^2
Main building structure: reinforced concrete frame
Main exterior decoration materials: glass curtain wall, UHPC

3
4 | 5

3　沿街立面
4　西南半鸟瞰
5　入口街景

北京国家图书馆二期工程

城市重点文化设施

Phase II Project of National Library of China in Beijing

北京国家图书馆二期工程包括二期书库、阅览室扩建、新建国家数字图书馆二期大部分，是目前世界上最大的中文数字资源基地。新馆书库可满足未来30年的藏书量，新增读者座位2900个，日均接待读者能力8000人次，为国家文化部重点工程。新馆追求的是文化和历史的密切关系，从水平方面可分为3段，分别为基座、中间通透的连接体和大屋盖，隐喻中华文明深厚的文化积淀，以及代表未来科技的数字图书馆。

本项目重视绿色节能的设计理念。建筑形体简洁方正，第一、二层立面采用石材百叶外遮阳，立面和天窗选用LOW-E玻璃，屋顶天窗带电动内遮阳帘，室内大空间采用地板送风和分层空调。地下空间占总建筑面积的55%，达到节能节地效果。

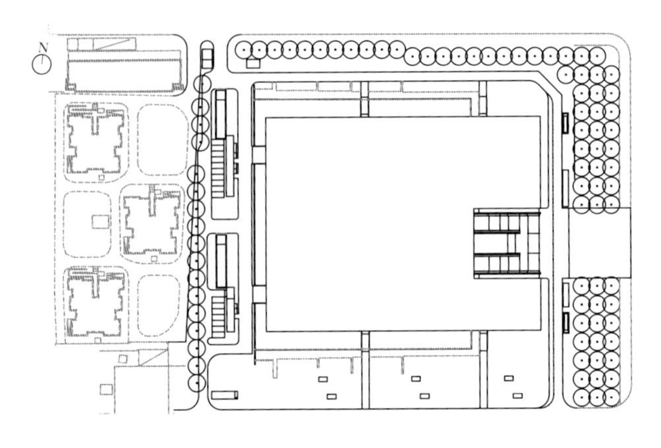

1 沿中关村南大街夜景
2 总平面示意

建设单位：国家图书馆
合作设计单位：德国 KSP 建筑设计事务所
用途：文化建筑
设计 / 竣工年份：2004/2008
项目进展阶段：完成
建设地点：北京海淀区中关村南大街 33 号
总建筑面积：80538m^2
主体建筑结构形式：钢筋混凝土框筒 + 巨型钢桁架
主要外装修材料：玻璃、蜂窝铝板、石材百叶

Client: National Library of China
Design partner: KSP Jürgen Engel Architekten
Purpose: cultural building
Design/ Completion year: 2004/ 2008
Project phase: completed
Location: No. 33 Zhongguancun South Street, Haidian District, Beijing
Total floor area: 80,538 m^2
Main building structure: reinforced concrete frame core tube + mega steel truss
Main exterior decoration materials: glass, aluminum honeycomb panel, stone louver

3 | 4
5

3　中庭阅览室
4　二层公共大厅
5　东南立面夜景

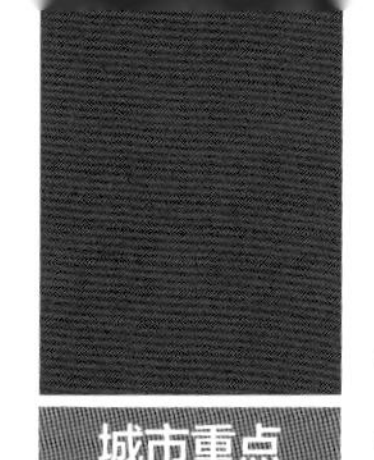

城市重点
文化设施

重庆大剧院

Chongqing Grand Theatre

重庆大剧院位于长江、嘉陵江两江汇合处，内有1850座的大剧场和930座的中剧场，概算总投资16亿元，建成时是国内仅次于国家大剧院的第二大规模的剧院项目。建筑由一排一排相互错开的宽大玻璃板构成，富有表现力的雕塑感创造了一个隐喻船的造型，从整体看或从侧面看时，宛如一座漂浮在光的海洋上的剧院。剧场观众厅的入口抬高一层，使底层成为贯通的平面，吸引着来自各方的观众。各种各样的演出和活动可以同时进行，互不干扰。

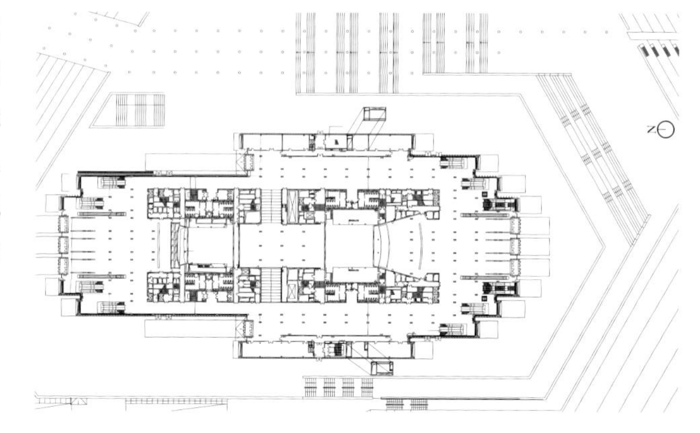

1 夜景
2 总平面示意

建设单位：重庆市江北城开发投资公司
合作设计单位：德国gmp国际建筑设计有限公司
合作设计单位承担角色：建筑方案、建筑初步设计
用途：观演建筑
设计/竣工年份：2004/2009
项目进展阶段：完成
建设地点：重庆市江北城江北嘴
总建筑面积：99010m^2
用地面积：68945m^2
座位数：2780
主体建筑结构形式：框架—剪力墙
主要外装修材料：玻璃幕墙、石材幕墙

Client: Chongqing Jiangbei Development and Investment Company
Design partner: Germany gmp International Architectural Design Co., Ltd.
Design partner's roles: architectural schematic design & architectural preliminary design
Purpose: theatrical building
Design / Completion year: 2004/2009
Project phase: completed
Location: Jiangbeizui, Jiangbei District, Chongqing
Total floor area: 99,010 m^2
Land area: 68,945 m^2
Number of seats: 2,780
Main building structure: frame—shear wall
Main extferior decoration materials: glass curtain wall, stone curtain wall

3 日景
4 入口广场
5 公共休息区

城市重点
文化设施

上海梅赛德斯—奔驰文化中心
（世博文化中心）
Mercedes-Benz Arena (World Expo Cultural Centre) in Shanghai

上海梅德赛斯—奔驰文化中心作为世博会最重要的永久性场馆之一，满足世博会大型文艺演出需求。同时，还充分考虑世博会会后的后续利用和可持续发展需要。文化中心主体为18000座的多功能演艺空间，通过灵活分隔等技术手段，形成不同规模和形态的观演空间，能满足大中型综艺演出、体育赛事、集会庆典等多功能的使用需求。而配套的文化休闲娱乐空间，构成了对本建筑主体功能的补充，为观众提供了多样化的服务。

在总体布局上，将悬浮的“飞碟”状主体建筑置于场地的中部，围绕主体建筑的地面单层基座，作为商业空间和辅助空间，其造型以大面积草坡覆盖为主，与周边场地的景观融为一体。

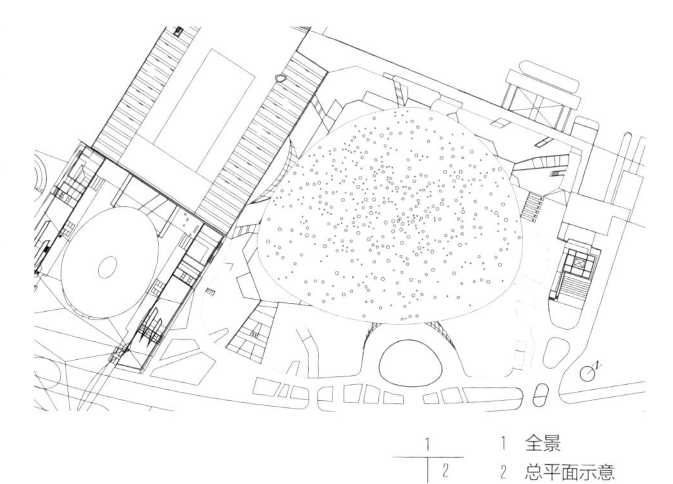

1　全景
2　总平面示意

建设单位：上海世博演艺中心有限公司
用途：观演综合类建筑
设计 / 竣工年份：2006/2010
项目进展阶段：完成
建设地点：上海市世博园区
总建筑面积：140277m²
用地面积：67242.6m²
座位数：18000
主体建筑结构形式：地下劲性混凝土，地上钢结构
主要外装修材料：铝板、石材、玻璃

Client: Shanghai World Expo Performing Arts Center Co., Ltd.
Purpose: comprehensive theatrical building
Design / Completion year: 2006/2010
Project phase: completed
Location: Shanghai World Expo Park
Total floor area: 140,277 m²
Land area: 67,242.6 m²
Number of seats: 18,000
Main building structure: strengthened concrete (underground), steel structure (above ground)
Main exterior decoration materials: aluminum panel, stone, glass

3 夜景
4 入口大厅
5 “钻石体”空间
6 江景

城市重点
文化设施

天津大剧院

Tianjin Grand Theatre

天津大剧院位于天津市中心，与天津博物馆、美术馆、图书馆、科技馆、中华剧院一起组成天津市文化中心。大剧院位于文化中心核心位置，临水而建，如同一枚张开的贝壳。宽敞的台阶由建筑通向水面，形成一个开放的休闲广场和城市舞台。天津大剧院主要功能由1600座综艺剧场、1200座音乐厅、400座多功能厅组成。三座剧场相对独立，由裙房平台和大屋盖相连组成一体。

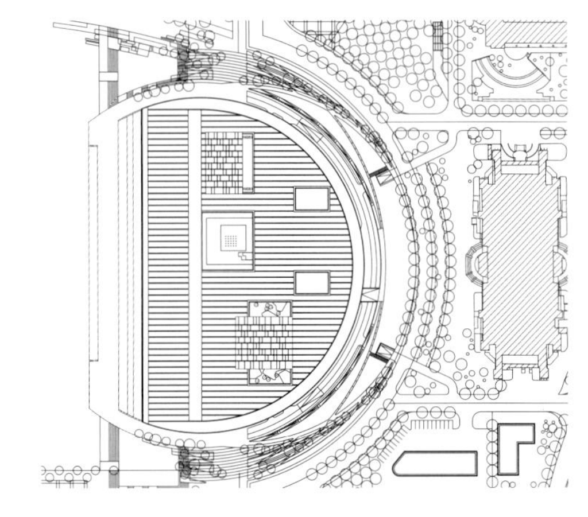

1 前厅
2 总平面示意

建设单位：天津市经济技术开发区国有资产经营公司
合作设计单位：德国 gmp 国际建筑设计有限公司
用途：观演建筑
设计 / 竣工年份：2009/2012
项目进展阶段：完成
建设地点：天津市隆昌路平江道口
总建筑面积：85357.9m^2
用地面积：63538.6m^2
座位数：3200
主体建筑结构形式：框架剪力墙 + 钢桁架
主要外装修材料：石材、铝板、玻璃幕墙

Client: Tianjin Economic and Technological Development Zone State-owned Assets Management Company
Design partner: Germany gmp International Architectural Design Co., Ltd.
Purpose: theatrical building
Design / Completion year: 2009/2012
Project phase: completed
Location: Pingjiang Road, Longchang Road, Tianjin
Total floor area: 85,357.9 m^2
Land area: 63,538.6 m^2
Number of seats: 3,200
Main building structure: frame shear wall + steel truss
Main exterior decoration materials: stone, aluminum plate, glass curtain wall

3 | 4 5

3 全景
4 前厅
5 音乐厅内景

城市重点
文化设施

宜兴市文化中心

Yixing Cultural Centre

宜兴文化中心位于宜兴市核心位置，交通便利，景观资源优越，是包括大剧院、科技馆、博物馆、美术馆、图书馆在内的公共文化建筑。本方案以“东氿之花”为设计理念，借用水的柔美曲线来划分场地，在喧嚣城市与东氿湖滨之间形成了层层推进、层层渗透的空间，水岸、广场、绿地营造出如诗如画的意境。建筑采用花瓣的造型，散落于场地中，曲线的铺地流过场地，在建筑周边勾勒出像是叶片的绿地，绿叶衬花瓣，在岸边形成了一幅优美的江南画卷。

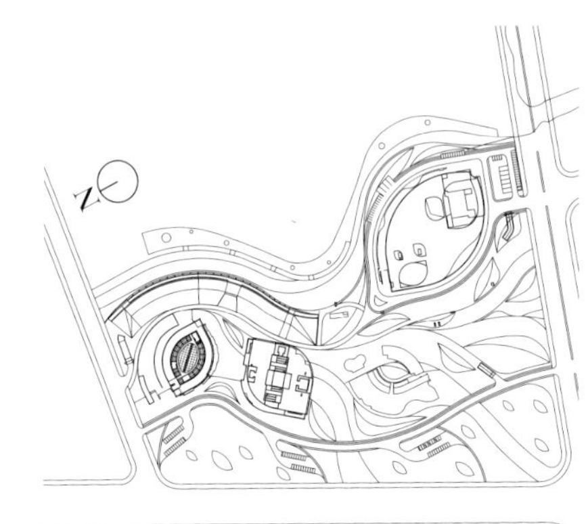

建设单位：宜兴市城市建设发展有限公司
用途：观演、图书馆、科技馆、美术馆、博物馆
设计 / 竣工年份：2010/2016
项目进展阶段：完成
建设地点：江苏省宜兴市东氿新城
总建筑面积：194100m^2
用地面积：191333m^2
主体建筑结构形式：钢筋混凝土框剪结构
主要外装修材料：玻璃幕墙、铝板、石材

Client: Yixing City Construction Development Co., Ltd.
Purpose: theatre, library, science and technology centre, art museum, museum
Design / Completion year: 2010/2016
Project phase: completed
Location: Dongjiu New Town, Yixing, Jiangsu Province
Total floor area: 194,100 m^2
Land area: 191,333 m^2
Main building structure: reinforced concrete frame shear wall structure
Main exterior decoration materials: glass curtain wall, aluminum panel, stone

1 科技馆外景
2 总平面示意

3 大剧院外景
4 图书馆中庭
5 音乐厅
6 全景鸟瞰

北京中国少年儿童科技培训基地

China Science and Technology Training Base for Children in Beijing

本工程位于北京海淀区玉渊潭公园内。设计的起点源于城市建筑与环境的和谐共生。9层主体建筑和3层幼儿建筑共同围合了主入口广场，形成开放的城市界面。同时，主体建筑又成为广场活动的背景，遮挡了西侧缘溪堂建筑对活动空间的压迫感。在建筑之间，本方案又设计了一系列次级景观空间，彼此渗透，使建筑成为景观的一部分。

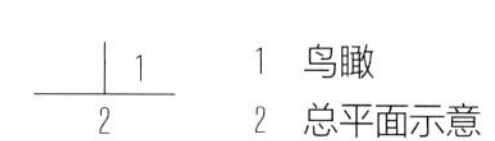

1 鸟瞰
2 总平面示意

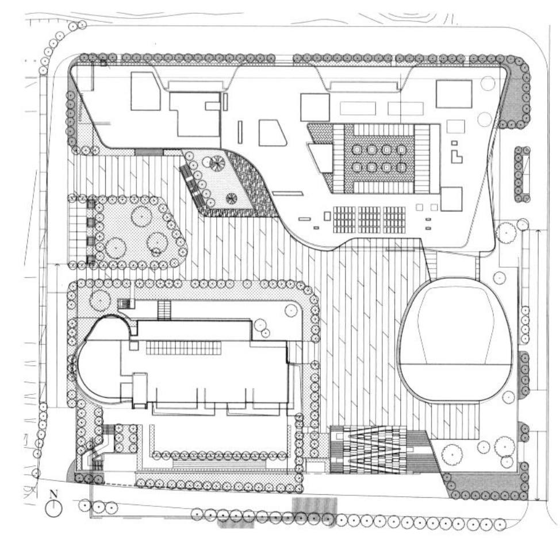

建设单位：中国宋庆龄基金会
用途：文化教育
设计 / 竣工年份：2008/2016
项目进展阶段：完成
建设地点：北京市海淀区玉渊潭南路 11 号
总建筑面积：80802m^2
用地面积：82307.893m^2
主体建筑结构形式：框架—剪力墙
主要外装修材料：砖红色的陶土面砖和陶棍

Client: China Soong Ching Ling Foundation
Purpose: cultural education
Design / completion year: 2008/2016
Project phase: completed
Location: No. 11, Yuyuantan South Road, Haidian District, Beijing
Total floor area: 80,802 m^2
Land area: 82,307.893 m^2
Main building structure: frame – shear wall
Main exterior decoration materials: brick-red terra-cotta facing brick and bar

3 主楼西视角局部
4 东北视角
5 主楼西北视角

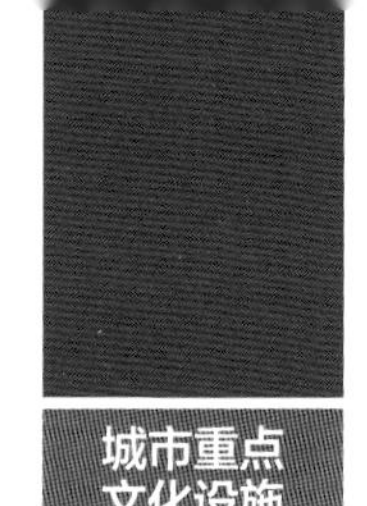

城市重点
文化设施

广西文化艺术中心

Guangxi Culture and Art Centre in Nanning

广西文化艺术中心与青秀山风景区、广西国宾馆荔园山庄隔江相望，力求打造“对话”和“对视”的地域代表性风景，实现“山、水、岸”交相呼应，扩大中国与东盟国家文化交流。建筑设计借鉴喀斯特地貌所形成的优美山体曲线和中国水墨画意境，并以抽象的方式将山体形象转化为建筑形态，赋予一种独特的外观，宛如广西邕江江畔的山峦，使城市建筑与广西的地域特色、文化景观交相呼应。

建筑主要由基座、大剧院、音乐厅、多功能厅和24m高度处的大型条状通透格栅屋面“云屋面”组成。该项目已成为各类表演艺术的荟萃之地，并以高识别特征的建筑形象成为广西的地标和象征。

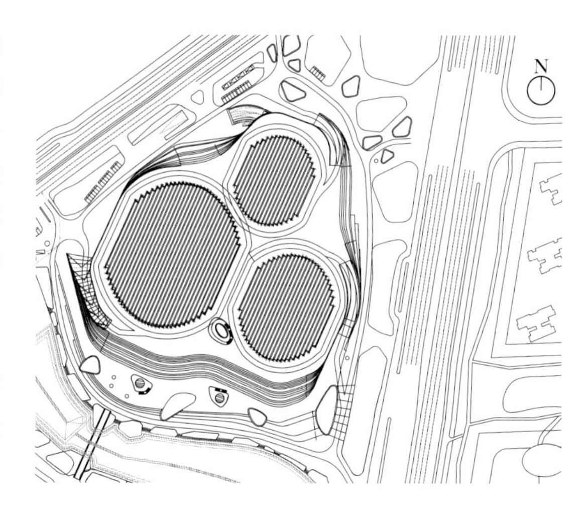

建设单位：南宁信创投资管理有限公司
合作设计单位：德国gmp国际建筑设计有限公司
用途：观演建筑
设计/竣工年份：2014/2018
项目进展阶段：完成
建设地点：广西南宁市五象新区
总建筑面积：114835m^2
用地面积：69400m^2
座位数：大剧院1800座，音乐厅1200座，多功能厅600座
主体建筑结构形式：钢筋混凝土结构+钢结构
主要外装修材料：玻璃铝板

Client: Nanning Xinchuang Investment Management Co., Ltd.
Design partner: Germany gmp International Architectural Design Co., Ltd.
Purpose: theatrical building
Design / Completion year: 2014/2018
Project phase: completed
Location: Wuxiang New District, Nanning, Guangxi
Total floor area: 114,835 m^2
Land area: 69,400 m^2
Number of seats: 1,800 (theater); 1,200 (concert hall); 600 (function hall)
Main building structure: reinforced concrete structure + steel structure
Main exterior decoration material: glass aluminum plate

1 夜景
2 总平面示意

3 鸟瞰
4 大剧院观众厅
5 大剧院舞台
6 音乐厅舞台

城市重点
文化设施

江苏大剧院

Jiangsu Centre for the Performing Arts

江苏大剧院项目位于长江之滨的南京河西新城核心区，是一个集演艺、展示、娱乐等功能于一体的大型文化综艺体。

在潮起潮落的长江之畔，蓄势而建的江苏大剧院如同漂浮在生态绿野之上的灵动水珠。四颗“水珠”巧妙地容纳了歌剧厅、音乐厅、戏剧厅、综艺厅、多功能厅、报告厅。承托这些“水珠”的“荷叶”舒展地覆盖于基地之上，平台整合各项功能空间，并为观众提供交流活动的场所。

1 歌剧院
2 总平面示意
3 鸟瞰

建设单位：江苏大剧院工程建设指挥部
用途：观演综合体
设计/竣工年份：2012/2017
项目进展阶段：完成
建设地点：江苏省南京市奥体大街、扬子江大道
总建筑面积：261482.6m^2
用地面积：196633m^2
总座位数：8381
主体建筑结构形式：钢筋混凝土框架剪力墙+钢结构
主要外装修材料：钛复合板、玻璃、花岗石

Client: Jiangsu Grand Theatre Engineering Construction Headquarters
Purpose: theatrical complex
Design / Completion year: 2012/2017
Project phase: completed
Location: Olympic Sports Street, Yangtze River Avenue, Nanjing, Jiangsu Province
Total floor area: 261,482.6 m^2
Land area: 196,633 m^2
Number of seats: 8,381
Main building structure: reinforced concrete frame shear wall + steel structure
Main exterior decoration materials: titanium composite board, glass, granite

城市重点
文化设施

上海世博会博物馆

Shanghai World Expo Museum

上海世博会博物馆由上海市政府和国际展览局合作共建，是迄今为止中国国内唯一的国际性博物馆，也是全世界独一无二的世博专题博物馆。

本项目的设计是“历史河谷”与“欢庆之云”的碰撞，以碎片化起伏的绿色景观草坡象征历史的碎片，以曲线蜿蜒的道路结合硬质铺装的公共广场作为欢庆的中心。“欢庆之云”造型取云的形态所代表的未来、开放、瞬间的寓意，整体形态简洁流畅，在建筑底部以三条云柱扭转收分，形成逐级上升的动势，具有强烈的未来感。“历史河谷”造型取河谷的形态所代表的历史、冥想、永恒的寓意，整体形态纯粹有力。主体建筑外观为矩形，通过切削形成不确定的建筑形式，具有强烈的雕塑感。

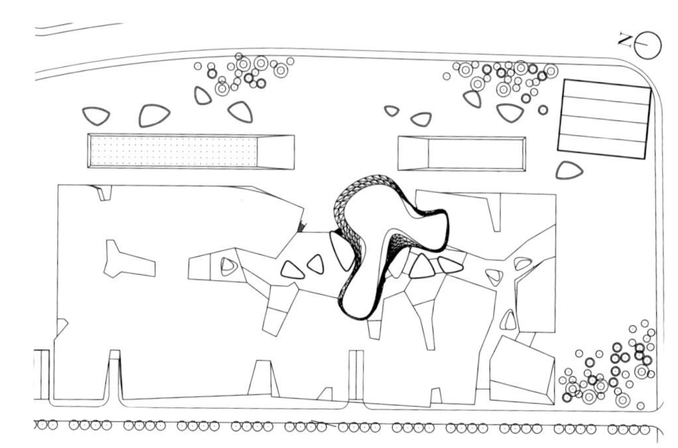

1　沿街日景

2　总平面示意

建设单位：上海世博会博物馆
用途：展览
设计及竣工年份：2012/2017
项目进展阶段：完成
建设地点：上海市黄浦区蒙自路818号
用地面积：40000m²
总建筑面积：46550m²
主体建筑结构形式：钢筋混凝土框架结构
主要外装修材料：石材

Client: Shanghai World Expo Museum
Purpose: exhibition
Design / Completion year: 2012/2017
Project phase: completed
Location: No. 818, Mengzi Road, Huangpu District, Shanghai
Land area: 40,000 m^2
Total floor area: 46,550 m^2
Main building structure: reinforced concrete frame structure
Main exterior decoration material: stone

3 云谷

4 公共空间

5 夜景

城市重点
文化设施

上海大歌剧院

Shanghai Grand Opera House

本项目位于上海市浦东新区世博文化公园内，以建成国内顶尖、亚洲一流、世界知名专业歌剧院为目标，集演出交流、创制排演、艺术教育等于一体，成为世界级城市的文化地标、专业级的国际歌剧艺术重要舞台、高品质的城市公共文化客厅。

受歌剧、舞蹈表演在时空中意象的启示，以动态拥抱场地并激活建筑空间，是上海大歌剧院的设计出发点。建筑形体取“中国扇”之意，结合歌剧艺术的动态美感，以螺旋上升的标志性形体覆盖场地，形成屋盖以下和屋盖以上两种基本空间形态。由此而生的动态螺旋屋盖既是外观又是空间。螺旋屋盖之下的空间将成为创造和表演歌剧的场所，而屋盖以上成为面向城市的舞台，源自歌剧，延展至城市生活。

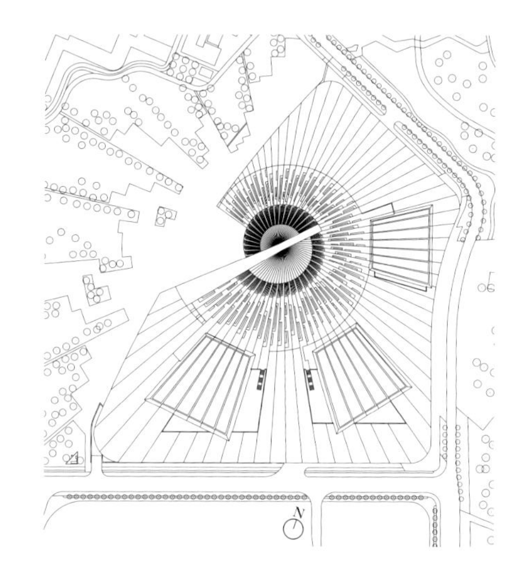

建设单位：上海大歌剧院
合作设计单位：斯诺赫塔建筑事务所、永田音响设计美国有限公司、英国剧场顾问公司
用途：文化公建
设计年份：2018
项目进展阶段：在建
建设地点：上海浦东新区世博文化公园内
总建筑面积：146786m^2
用地面积：53023m^2
主体建筑结构形式：主体结构为钢筋混凝土框架—剪力墙结构体系；屋盖结构为型钢—混凝土组合结构梁板结构体系；旋转楼梯为型钢混凝土核心柱+钢筋混凝土结构+预制UHPC预应力悬挑梁
主要外装修材料：螺旋屋盖顶面、侧面及室外挑檐部分的底面采用UHPC高强混凝土（上人区域采用石材）；螺旋屋盖以下垂直立面采用通高玻璃幕墙或单元式玻璃幕墙；螺旋屋盖以上台塔立面采用透光混凝土

Client: Shanghai Grand Opera House
Design partners: Snøhetta, Nagata Acoustics America, Inc., Theatre Projects Consultants Limited
Purpose: cultural, public building
Design year: 2018
Project phase: under construction
Location: Shanghai Expo Culture Park, Pudong, Shanghai
Total floor area: 146,786 m^2
Land area: 53,023 m^2
Main building structure: reinforced concrete frame structures composite shear walls (main structure); steel reinforced concrete composite structures with beam and slab structure system (roof); steel reinforced concrete core column with reinforced concrete structure system+precast post-stressed UHPC cantilever beam (spiral stairs)
Main exterior decoration materials: UHPC high-strength concrete, stone, curtain, light transmitting concrete

1 鸟瞰
2 总平面示意

3 入口广场
4 城市客厅

城市重点文化设施

北京城市副中心图书馆

Beijing Sub-center Library

项目位于北京市通州区城市绿心起步区森林公园内，与剧院、博物馆共同组成副中心三大文化建筑聚落，为北京市重点建设工程，将打造展示北京地域文化与历史底蕴的第三代公共图书馆，在全国的图书馆建设中起到引领示范作用。内部功能由图书典藏区、一般阅读服务区、特色功能区、开架阅览区等组成，包含了机械智慧书库、古籍书库、少年儿童阅览区、艺术文献馆以及非物质文化遗产馆、古籍文献馆等，为读者提供全面的阅览选择和体验。

设计理念源于中国传统文化符号“赤印”，内部空间以“雕刻场所”为概念塑造了两座连绵的山丘，屋顶是一组森林伞盖般的树状结构，并以银杏叶片为灵感来源，契合图书馆文化传承的定位。

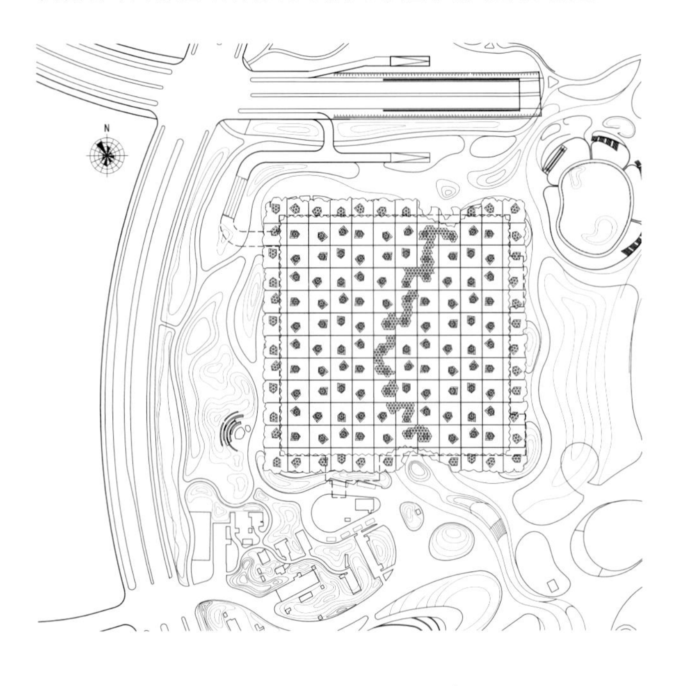

1 室内局部
2 总平面示意

建设单位：北京城市副中心投资建设集团有限公司
合作设计单位：斯诺赫塔建筑事务所
用途：文化建筑
设计及竣工年份：2018/2023
项目进展阶段：在建
建设地点：北京市通州区城市副中心
总建筑面积：75221m^2
用地面积：69535.5m^2
主体建筑结构形式：钢结构
主要外装修材料：玻璃幕墙、铝板、陶板

Client: Beijing Sub-center Investment Group Co., Ltd.
Design partner: Snøhetta
Purpose: cultural
Design/Completion year:2018/2023
Project phase: under construction
Location: Tongzhou subsidiary administrative center, Beijing
Total floor area: 75,221 m^2
Land area: 69,535.5 m^2
Main building structure: steel structure
Main exterior decoration materials: glass curtain wall, aluminum, ceramic

3 外观局部
4 全景风貌

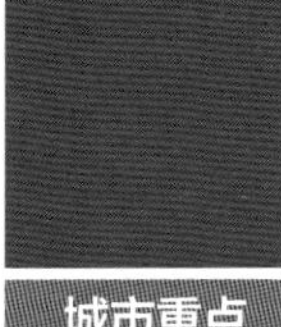

城市重点文化设施

宜昌规划展览馆

Yichang Planning Exhibition Hall

宜昌规划展览馆项目选址位于宜昌新区核心区，建筑地上主体两层，局部3层，建筑主体高度23.9m。建筑设计以“行走宜昌，夷陵拾玉”为创作起点进入设计构想，从一个城市地貌抽象而来的建筑形态，形成层峦跌落的山体造型。人行走于建筑之中，宛若爬山观景，别有一番风韵。景观设计延续山体的母题，用斜面草坡呼应建筑山体的体量。规划馆与城市景观和周边山体和谐共生，嵌山傍水，行走宜昌。

本工程采用了电动遮阳百叶、双层呼吸式幕墙、光导管技术、喷灌、非传统水资源利用、太阳能热水等绿色节能措施；于2015年获得三星级绿色建筑设计标识证书，并在2021年获得绿色建筑三星级运行标识证书。

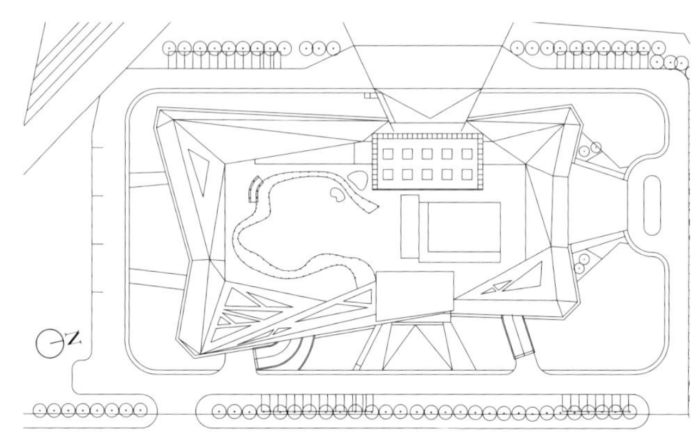

1 鸟瞰
2 总平面示意

建设单位：宜昌市城市建设投资开发有限公司
用途：展览建筑
设计/竣工年份：2013/2016
项目进展阶段：完成
建设地点：湖北宜昌新区核心区
总建筑面积：20960.2m^2
用地面积：29983.5m^2
主体建筑结构形式：框架结构
主要外装修材料：铝板幕墙

Client: Yichang Urban Construction Investment and Development Co., Ltd.
Purpose: exhibition
Design/ Completion year: 2013/2016
Project phase: completed
Location: New District Core Area, Yichang, Hubei Province
Total floor area: 20,960.2 m^2
Land area: 29,983.5 m^2
Main building structure: frame structure
Main exterior decoration material: aluminum curtain wall

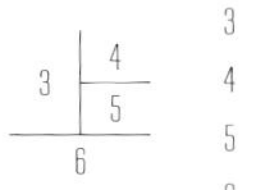

3 内庭院
4 主入口夜景
5 办公入口
6 主入口日景

城市重点
文化设施

黄山市城市展示馆

Huangshan City Exhibition Hall

项目位于安徽省黄山市城区西北部，主体建筑为高30.2m的单层展厅，旨在建成一座集城市规划展示、城市文化传播、城市品牌宣传等多功能于一体的综合性展馆。主要包含两部分功能：一是城市展示馆，建筑面积约9000m^2，包括城市展示、主题展示、互动参与等三大功能；二是城市会客厅，建筑面积约2000m^2，包括精品文化展示、高端政务接待、休闲消费等三大功能。

黄山市城市展示馆是黄山机场进入市区的第一张呈现给中外宾朋的靓丽名片，是黄山市与世界对话的窗口，更是黄山浑厚、创新人文精神的体现。同时，还作为安徽省中小学生研学旅行基地，充分发挥公共文化服务职能，传播徽州深厚的历史文化知识和黄山的城市魅力。

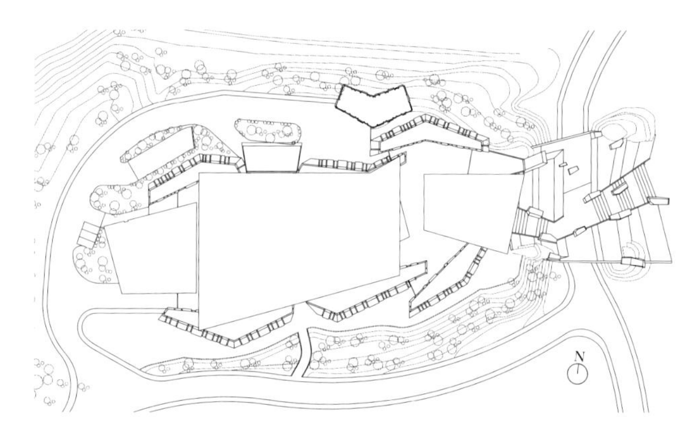

1 建筑与水景
2 总平面示意

建设单位：黄山市文化产业投资集团有限公司
合作设计单位：姚仁喜｜大元建筑工场
合作设计单位承担角色：概念性方案设计、方案设计（建筑）、配合初步设计（建筑）
用途：城市展示馆
设计/竣工年份：2011/2017
项目进展阶段：完成
建设地点：安徽省黄山市屯溪区迎宾大道60号
总建筑面积：16966m^2
用地面积：16376m^2
主体建筑结构形式：框架剪力墙
主要外装修材料：石材、玻璃

Client: Huangshan Culture Industry Investment Group Co., Ltd.
Design partner: KRIS YAO | ARTECH
Purpose: urban planning exhibition hall
Design/Completion year: 2011/2017
Project phase: completed
Location: No. 60, Yingbin Avenue, Tunxi District, Huangshan, Anhui Province
Total floor area: 16,966 m^2
Land area: 16,376 m^2
Main building structure: frame-wall structure
Main exterior decoration materials: stone, glass

3 全景
4 立面局部
5 室内空间

济宁市美术馆

Jining Art Museum

济宁市美术馆是济宁太白湖新区文化中心的重要组成部分，布置于文化中心最南侧的文化公园基地内，人们将通过东北方向设计的小山丘造访美术馆和公园。美术馆屋盖如一片巨大的荷叶之于太白湖畔，美术馆与公园内部的水景和绿地环境有机地融为一体，使之成为一个非常具有亲和力的公众休闲场所。

巨大的空间网格钢梁和混凝土屋盖为不规则双曲面，由300多根5～14m高、直径180～219mm的细钢柱支撑，最大程度实现了轻盈、纯净的创意。封闭的展示空间，通透的玻璃回廊，檐下的敞开空间，墙面和地面均使用统一的传统青砖材料作装饰，最终呈现的不仅有现代建筑的开放性，还有始终与地域历史传统保持一致的延续性。

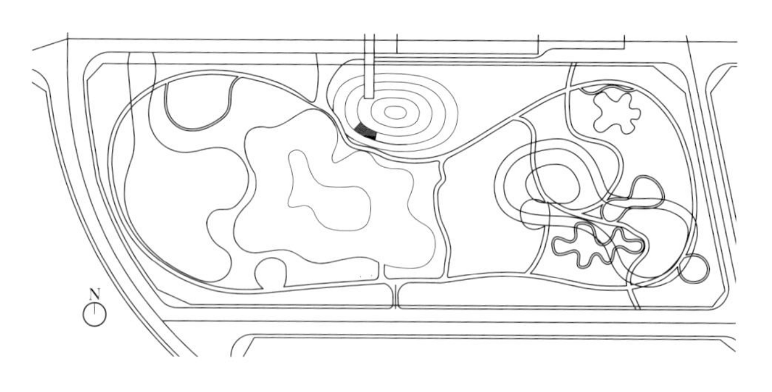

1 建筑与水景
2 总平面示意

建设单位：济宁市城投文化旅游产业有限公司
合作设计单位：西泽立卫+睿舍联合体
合作设计单位承担角色：概念方案及建筑初步设计
用途：展览
设计/竣工年份：2014/2019
项目进展阶段：完成
建设地点：济宁市太白湖新区
总建筑面积：14299m^2
用地面积：19988m^2
主体建筑结构形式：钢框架
主要外装修材料：青砖、玻璃幕墙、硅PU弹性涂料

Client: Jining Chengtou Cultural Tourism Industry Co., Ltd.
Design partners: Ryue Nishizawa +Ruishe
Design partners' roles: scheme and draft design
Purpose: exhibition
Design/Completion year: 2014/2019
Project phase: completed
Location: Taibai Lake New Area, Jining, Shandong
Total floor area: 14,299 m^2
Land area: 19,988 m^2
Main building structure: steel frame
Main exterior decoration materials: black brick, glass curtain wall, silicon PU elastic coating

3 全景鸟瞰
4 外廊空间
5 庭院

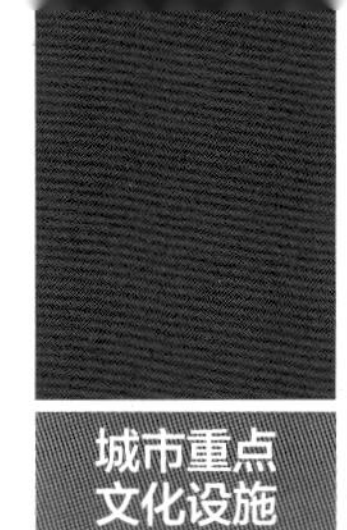

岳阳市图书馆新馆及螺丝岛周边环境综合整治
（岳阳市巴陵书香创客馆一期）

Comprehensive Improvement of the Surrounding Environment of Yueyang New Library and Luosi Island (Yueyang Baling Shuxiang Maker Hall Phase I)

项目位于四面环水的小岛上，拥有全方位的景观资源，按照“岛馆合一，景苑一体”的设计思路，将中式园林的理念贯穿整个空间布局，采用“一心、一环、多点”的总体结构。

通过古典园林的“借景”手法，图书馆与螺丝岛互为景致，空间序列有机结合山势地貌。提炼古代书院的空间特点，通过现代语言重新描绘，营造空间意境。在建筑内部和外部分别布置串联起若干庭院空间。首层入口大厅的挑空空间，环境舒适大气。主入口的悬挑灰空间，建筑与环境景观充分融合渗透。建筑主体为两层，掩映在丛林之间，中间局部4层，脱颖而出。对于植被较好的山地，建筑退让，对于部分山体缺损的区域，建筑补充，使建筑与环境融为一体。

建设单位：岳阳市巴陵书香创客馆项目管理有限公司
用途：文化建筑
设计/竣工年份：2016/2020
项目进展阶段：完成
建设地点：湖南省岳阳市岳阳楼洞庭湖风景名胜区南湖景区螺丝岛
总建筑面积：22580m^2
用地面积：56480.6m^2
主体建筑结构形式：混凝土框架
主要外装修材料：石材、仿石涂料

Client: Yueyang Baling Shuxiang Maker Project Management Co., Ltd.
Purpose: cultural architecture
Design/Completion year: 2016/2020
Project phase: completed
Location: Luosi Island, Nanhu Scenic Spot, Dongting Lake Scenic Spot, Yueyang, Hunan Province
Total floor area: 22,580 m^2
Land area: 56,480.6 m^2
Main building structure: concrete frame structure
Main exterior decoration materials: marble, coating

1 图书馆人视
2 总平面示意

3 东南角鸟瞰
4 庭院空间
5 东南角建筑景观
6 庭院局部

上海崇明能源艺术中心

Shanghai Chongming Energy Art Center

主体建筑为华东师范大学崇明生态研究院，兼具能源展示中心、艺术中心功能和节能生活的交流平台。建筑形象为“一”字形。外墙为双层呼吸墙体，最外层由穿孔铝板包裹着。绿建设计运用了体形系数控制、Low-E玻璃、绿色建材、地源热泵，太阳能光伏、风电设施等，以及导风、通风及双层墙体、遮阳措施。

一层为试验功能房间，如智能电网、光伏发电、智能住宅、楼宇自动化等，对公众开放。两侧的覆土下分别为报告厅和机房。二层为绿建展览和临展。3m宽的生态展示坡道实现了上下空间转换，保持场景体验的连续性。天窗可作为春秋季室内外空气流动的“风井”。

项目获得LEED金奖和绿色设计三星标准，成为现代的、艺术的绿色示范建筑。

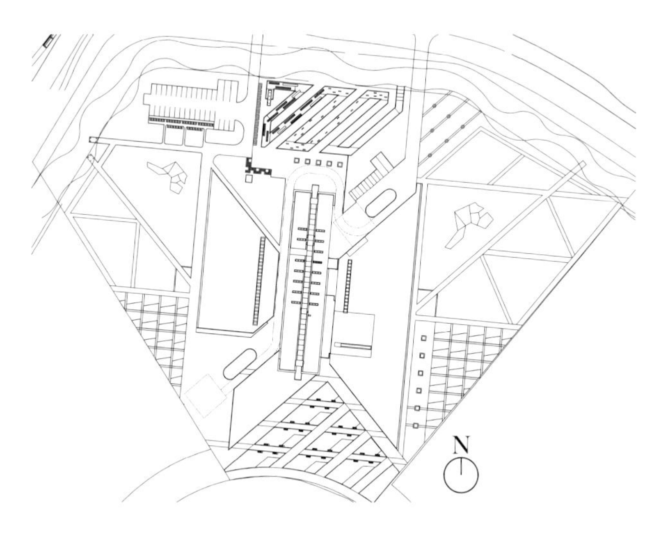

1 采光天窗
2 总平面示意

建设单位：上海陈家镇建设发展有限公司
用途：公共建筑
设计/竣工年份：2011/2018
项目进展阶段：完成
建设地点：上海崇明
总建筑面积：5511.18m^2
用地面积：55816.9m^2
主体建筑结构形式：框架结构
主要外装修材料：铝板

Client: Shanghai Chenjia Town Construction Development Co., Ltd.
Purpose: public building
Design/Completion year: 2011/2018
Project phase: completed
Location: Chongming, Shanghai
Total floor area: 5,511.18 m^2
Land area: 55,816.9 m^2
Main building structure: framework
Main exterior decoration material: aluminum plate

3 | 4
5

3 南侧立面
4 檐下空间
5 鸟瞰远景

城市重点
文化设施

许昌市科普教育基地

Xuchang Popular Science Education Base

许昌市科普教育基地由许昌市政府投资兴建、许昌市科协主管，集科普展教、科技培训、学术交流于一体，包括青少年活动中心、科技馆、海洋馆、地下商业及配套地下车库。建筑高度23.95m。

整体建筑规划以许昌特有的钧瓷文化遗产为出发点，以瓷器拉胚的过程为灵感，将三馆由四个双曲面包裹在一起，通过三维参数化的外表皮设计，使形体力求简洁而富于动感，寓意许昌古代钧瓷的灵气为其插上现代科技的新翼，展翅高飞。

1 区域鸟瞰
2 夜景

建设单位：许昌市政府投资项目代建管理办公室
用途：展览建筑
设计/竣工年份：2013/2020
项目进展阶段：完成
建设地点：许昌市魏都区
总建筑面积：72196.31m^2
用地面积：55679m^2
主体建筑结构形式：框架
主要外装修材料：铝板、玻璃幕墙

Client: Xuchang Government Investment Project Agent Construction Management Office
Purpose: exhibition building
Design/Completion year: 2013/2020
Project phase: completed
Location: Weidu District, Xuchang, Henan Province
Total floor area: 72,196.31 m^2
Land area: 55,679 m^2
Main building structure: frame
Main exterior decoration materials: aluminum plate, glass curtain wall

3
4

3 广场景观
4 建筑与水景

北京国家电力调度中心工程

State Power Distribution Center in Beijing

借用中国传统建筑的构筑力学概念，利用四大“芯筒”集中布置垂直交通、疏散系统和机电设备，楼内4个功能相对独立的“区域建筑”围合成一个“内向”四合院式中庭。围绕其布置垂直或水平交通流线，强调轴线及空间节奏变化，感染情绪，表现高效、人文的办公空间场所。

利用大跨度技术提高平面利用系数，合理分布大堂、360人报告厅、会议室、办公区、机房及中心调度等区域，布局紧凑合理、灵活性高，充分满足使用功能。为表现现代建筑通透、开放的空间意识，在沿长安街一侧留出一个巨大“门洞”，采用高精度不锈钢拉索玻璃墙体系，将广场空间纳入其中。利用传统民居“开合式天井”概念，将屋盖设计为可开启天幕，营造良好的室内生态环境。

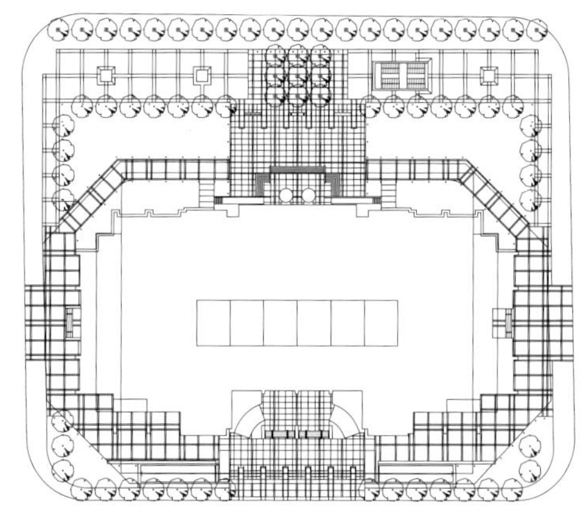

1 中庭空间
2 总平面示意
3 沿街夜景

建设单位：国家电力公司
用途：办公
设计/竣工时间：1998/2001
项目进展阶段：完成
建设地点：北京市西城区西长安街
总建筑面积：73667m^2
用地面积：9011m^2
主体建筑结构形式：框架筒体结构
主要外装修材料：石材、玻璃铝材幕墙

Client: State Power Corporation of China
Purpose: office
Design / Completion year: 1998/2001
Project phase: completed
Location: Chang'an West Road, Xicheng District, Beijing
Total floor area: 73,667 m^2
Land area: 9,011 m^2
Major building structure: frame-tube structure
Major exterior decoration materials: granite, glazing & aluminum curtain wall

产业园区与总部办公

中共中央组织部办公楼

The Office Building of the Organization Department of CCCPC

中共中央组织部办公楼新址坐落于北京西长安街，建筑设计体现了“民族风格与现代风格相结合，庄重、实用、不豪华”的设计要求，并与长安街整体规划相协调。以大屋顶为造型要素的建筑形态，从功能与现代技术出发，既传承了老中组部办公楼的文脉，又以发展的角度加以提炼与创新。大楼呈板式布置，围合成三合院式的布局，由北侧主楼、东西配楼及主楼南北门楼组成，大楼建筑设计、总体环境设计与室内设计一脉相承，从建筑空间入手，以各个建筑完成面作为空间导向的基础，强调建筑空间与色彩整体感及室内外空间的相互渗透与融合。建筑内外部环境设计、形态设计、细部设计既表达出沉稳、传统的建筑观感，又体现出精致的现代工艺技术和建筑精神。

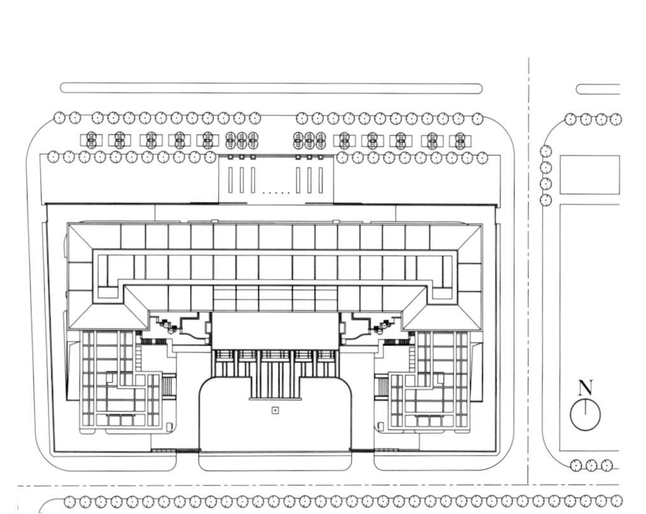

1 建筑细部
2 总平面示意

建设单位：中共中央组织部
用途：综合办公
设计/竣工年份：2000/2003
项目进展阶段：完成
建设地点：北京市西长安街
用地面积：11000m^2
总建筑面积：40650m^2
主体结构形式：框架剪力墙
主要外装修材料：石材及铝合金玻璃幕墙

Client: Organization Department, Central Committee of CPC
Purpose: office
Design / Completion year: 2000/2003
Project phase: completed
Location: West Chang'an Street, Beijing
Total floor area: 11,000 m^2
Land area: 40,650 m^2
Main building structure: frame shear wall
Main exterior decoration materials: stone and aluminum alloy glass curtain wall

3 | 4
5

3　入口大厅
4　柱廊细部
5　沿长安街立面

中共中央统战部办公楼

The Office Building of the United Front Work Department of CPCCC

项目包括主楼、南楼、北楼和接待中心。总体造型、立面划分、材料选用、细节构造、颜色肌理、装饰图案等各方面都经过反复推敲、多方案比较，设计成熟。整个建筑的外观形象体现出政府办公楼的稳重、大气、精致、优雅的风格定位。

建筑空间布局在充分尊重北京市的城市格局，特别是故宫的轴线对称、层次递进、序列开合、庄重大气的基础上，采取了对称式院落布局，使新建筑群能够恰如其分地融入该区域的城市肌理，与周边环境相协调。同时，院落布局形成了内、外和静、动分开的院落，有利于不同性质办公区域的划分，满足了建筑办公区域的安静、保密、舒适、实用的要求。

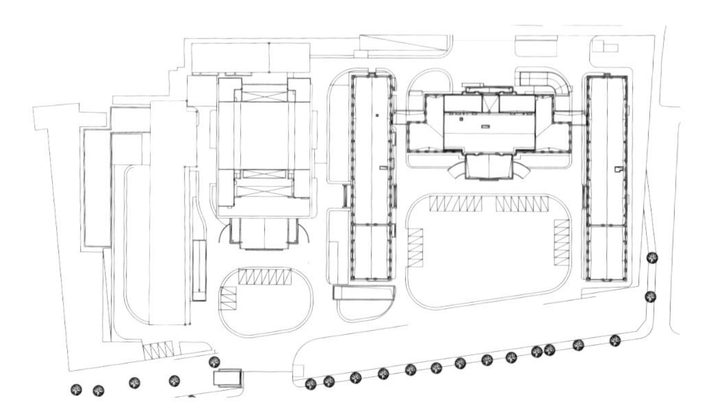

1 街景
2 总平面示意

建设单位：中共中央统战部
用途：办公
设计/竣工年份：2005/2007
项目进展阶段：完成
建设地点：北京市
总建筑面积：33478m^2
用地面积：27500m^2
主体建筑结构形式：框架
主要外装修材料：石材幕墙

Client: The United Front Work Department of CPCCC
Purpose: office
Design / Completion year: 2005/2007
Project phase: completed
Location: Beijing
Total floor area: 33,478 m^2
Site area: 27,500 m^2
Main building structure: frame
Main exterior decoration materials: stone curtain wall

3 庭院
4 入口门廊
5 立面

中海油天津研发产业基地

CNOOC Tianjin R&D Base

中海油天津研发产业基地建设项目位于天津市滨海新区海洋高新区。

园区规划坚持“以人为本”，结合绿色建筑理念，力求提供安全环保、舒适便捷的高品质办公环境。建筑造型为石材材质体块中镶嵌玻璃体，颜色、材质和体型的组合形似海上钻井平台，也象征着中海油企业蓬勃向上、极富朝气的形象。本项目按照绿色建筑二星标准要求，太阳能热水系统、地下室光导系统、雨水收集系统等绿色技术融合于机电设计。统筹安排资源与能源的节约、回收及再利用，降低污染，减少排放，做到人与环境的和谐，成为永续发展的“绿色园区”。

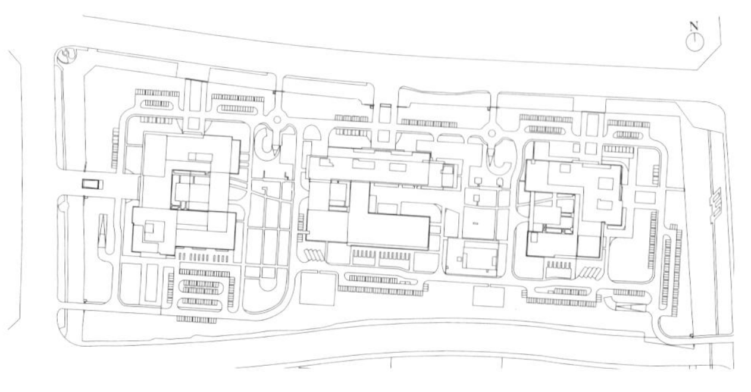

1 1号楼西北角
2 总平面示意

建设单位：中海油基建管理有限责任公司
用途：工业、办公
设计/竣工年份：2010/2016
项目进展阶段：完成
建设地点：天津市滨海新区海洋高新区
总建筑面积：347575.2m^2
用地面积：189456m^2
主体建筑结构形式：框架—核心筒结构
主要外装修材料：玻璃幕墙、石材

Client: CNOOC Infrastructure Management Co., Ltd.
Purpose: industrial, office
Design / Completion year: 2010/2016
Project phase: completed
Project location: Ocean High-tech Zone, Binhai New Area, Tianjin
Total floor area: 347,575.2 m^2
Land area: 189,456 m^2
Main building structure: frame structure-core tube
Main exterior decoration materials: glass curtain wall, stone

3 2号楼多功能厅

4 园区东南角鸟瞰

上海虹桥商务区核心区（一期）08号地块

Shanghai Hongqiao CBD Core Area (First Phase) Block 08

项目地处上海虹桥商务区南端入口门户，为构建上海现代服务业的集聚区和上海国际贸易中心建设的新平台，以国内外企业总部和贸易机构的汇集地为目标，营造地标性的商务办公综合体。同时，提供与办公配套的综合服务系统，酒店、会展、商业、餐饮、健身、娱乐等一应俱全，成为理想的商务人员社交场所。

办公园区以大跨度、大空间作为办公楼的基本构架，提供高效的办公环境。以中心庭院作为环境主体，结合独立庭院绿化、平台绿化、屋顶花园，使园区栋栋有庭院，处处见绿色，打造清新宜人的办公环境。以绿色建筑理念引领建筑空间创意，以绿色建筑技术打造绿色生态环境，使建筑融入公园自然的形态之中，成为真正意义上的绿色建筑。

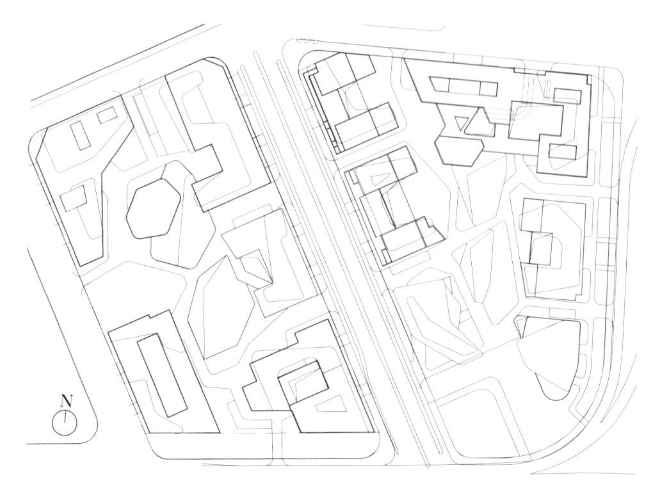

建设单位：上海众合集团
用途：办公建筑
设计年份：2011
项目进展阶段：在建
建设地点：上海市虹桥商务区核心区
总建筑面积：525289m^2
用地面积：89805m^2
主体建筑结构形式：框架
主要外装修材料：玻璃、石材、铝板

Client: Shanghai Zhonghe Group
Purpose: office
Design year: 2011
Project phase: under construction
Location: Hongqiao CBD core area, Shanghai
Total floor area: 525,289 m^2
Land area: 89,805 m^2
Main building structure: frame
Main exterior decoration materials: glass, stone, aluminum panel

1 夜景
2 总平面示意

3 鸟瞰
4 日景
5 庭院局部

上海证券交易所金桥技术中心基地

Shanghai Stock Exchange Jinqiao Technology Center Base

项目以“数聚”为设计理念，总体格局严整有序、典雅稳重。生产辅助和行政配套区建筑体形简洁纯净，立面通透、明亮，呈现出现代建筑的极简精致。

园区采用“向心、围合式”的布局形态。办公区位于基地中央，内侧环抱核心庭院，营造绿色生态的内部环境；外侧尽享城市绿化隔离带的景观资源，同时与各机房联系便捷。托管机房位于基地两侧，互不干扰，方便对外出租，亦利于分期实施。上海证券交易所主运行中心与核心机构运行中心置于中心景观北侧中央，受到办公区与托管机房的多重保护，数据机房均以山墙面背对周边基地，并以绿化带相隔，保证了数据中心的安全性。

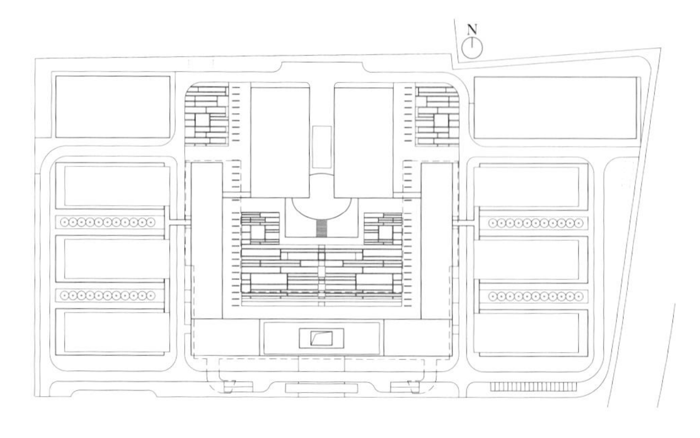

1 主机房及ECC
2 总平面示意

建设单位：上海上证数据服务有限责任公司
合作设计单位：现代咨询
合作设计单位承担角色：机电设计
用途：金融数据中心及办公配套
设计/竣工年份：2015/2019
项目进展阶段：完成
建设地点：上海市浦东新区金桥技术加工区
总建筑面积：226500m^2
用地面积：96000m^2
主体建筑结构形式：钢筋混凝土结构
主要外装修材料：玻璃、石材幕墙

Client: Shanghai Stock Data Service Co., Ltd.
Design partner: Shanghai Xiandai Consulting Co., Ltd.
Design partner's role: mechatronic design
Purpose: financial data center, supporting offices
Design/Completion year: 2015/2019
Project phase: completed
Location: Jinqiao Technology Processing Park, Pudong New Area, Shanghai
Total floor area: 226,500 m^2
Land area: 96,000 m^2
Main structure: reinforced concrete structure
Main exterior decoration materials: glass, stone curtain wall

3 主入口立面
4 ECC应急指挥中心室内
5 阶梯报告厅
6 庭院景观

上海园林集团总部办公楼

Headquarters of Shanghai Garden Group

上海园林（集团）有限公司位于上海市长宁区虹桥临空经济园区北新泾苗圃内，在总部办公楼林立的园区板块里，有着得天独厚的景观环境。设计方案将建筑特征与业主园林集团的绿化栽植技术相结合，创造出极具标志性和企业特征并富有东方韵味的绿色总部大楼，犹如嵌入临空经济园的一块生态芯片，成为区域的独特标志，也能为在其中工作的员工提供源源不断的绿色。这是一个四季时时变化的生态地标、一个层层叠绿可置身其中的立体园林。

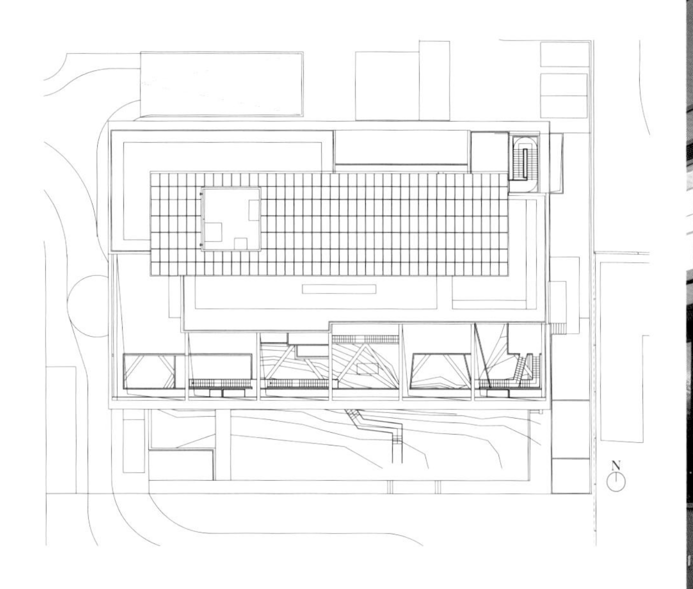

1 建筑局部
2 总平面示意

建设单位：上海园林(集团)有限公司
用途：办公
设计/竣工年份：2013/2017
项目进展阶段：完成
建设地点：上海市长宁区临虹路66号
总建筑面积：10245m²
用地面积：3333m²
主体建筑结构形式：框架结构
主要外装修材料：清水混凝土挂板、玻璃、铝板

Client: Shanghai Garden (Group) Co., Ltd.
Purpose: office
Design / Completion year: 2013/2017
Project phase: completed
Location: No. 66, Linhong Road, Changning District, Shanghai
Total floor area: 10,245 m²
Land area: 3,333 m²
Main build structure: frame structure
Main exterior decoration materials: fair-faced concrete panel, glass, aluminum panel

3 庭院俯视
4 主立面
5 庭院局部
6 建筑全貌
7 立体庭院

北京保险产业园

Beijing Insurance Business Park

北京保险产业园位于北京市石景山区北部。总体形态结合如意谷走势，串联起各景观节点。建筑单体在基本单元基础上，可进行双拼叠加、三拼叠加，既能够作为整体使用，也可以分为几个单元，具备自身独立的交通条件。采光庭院引入自然光线，发掘地下空间最大价值。外立面呼应园区整体效果，契合保险企业沉稳大气的产业特色，通透度由低到高逐层递减，形成沉稳之中富于变化的立面效果。

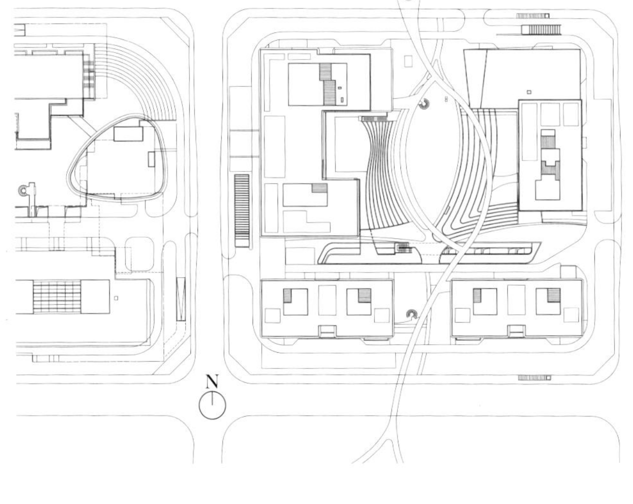

1 西南沿街立面
2 总平面示意

建设单位：北京保兴置业发展有限公司
用途：产业园区
设计年份：2018
项目进展阶段：完成
建设地点：北京市石景山区北部
总建筑面积：152694m^2
用地面积：59747.767m^2
主体建筑结构形式：混凝土框架结构
主要外装修材料：仿石铝板、玻璃

Client: Beijing Baoxing Real Estate Development Co., Ltd.
Purpose: industrial park
Design year: 2018
Project phase: completed
Location: North of Shijingshan District, Beijing
Total floor area: 152,694 m^2
Land area: 59,747.767 m^2
Main structure: reinforced concrete frame structure
Main exterior decoration materials: stone, glass

3 外立面细部
4 内庭院夜景
5 西南沿街立面
6 室外庭院

新开发银行总部大楼

New Development Bank Headquarters Building

新开发银行由“金砖五国”发起成立，总部办公大楼选址于上海世博园A片区A11-01地块。为诠释新开发银行“创新、平等、透明、可持续”的文化价值理念、凸显新开发银行的国际地位、展现上海国际金融中心风貌，设计概念以稳定的三角形配合旋转向上的动力赋予建筑标志性和独特性，形成丰富动感的建筑造型。建筑设计强调独特性与融合性的统一，功能布局注重人性化，灵活高效。技术运用体现绿色、健康，达到中国绿色建筑三星级标准、美国LEED铂金级标准、中国健康建筑三星级标准。

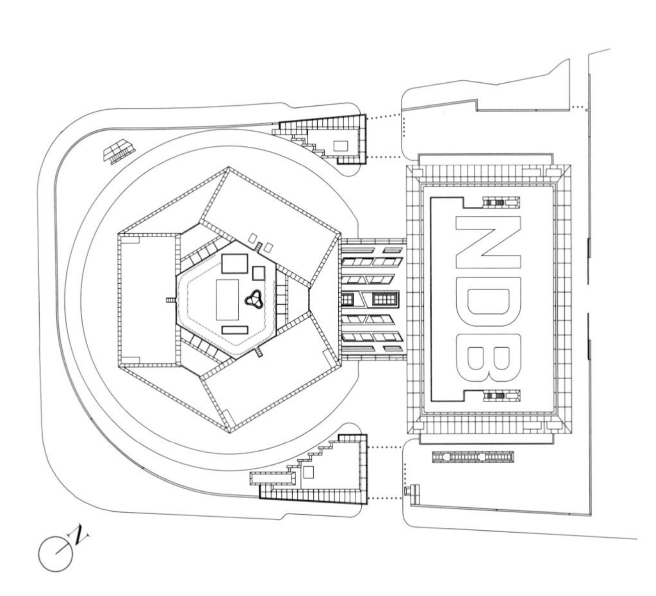

1 总平面示意
2 城市通廊
3 首层景观水池
4 礼仪广场
5 建筑外观

建设单位：上海市机关事务管理局
用途：总部办公
设计年份：2016
项目进展阶段：完成
建设地点：上海市浦东世博园区A区A11-01地块
总建筑面积：126423.1m^2
用地面积：12067.4m^2
主体建筑结构形式：钢管混凝土框架核心筒结构
主要外装修材料：玻璃、陶板、不锈钢板

Client: Shanghai Municipal Affairs Administration
Purpose: headquarter office
Design year: 2016
Project phase: completed
Location: Block A11-01, Area A, Pudong Expo Park, Shanghai
Total land area: 126,423.1 m^2
Land area: 12,067.4 m^2
Main building structure: core tube structure of steel tube concrete frame
Main exterior decoration materials: glass, aluminium plate, ceramic plate

NDB

雄安科创综合服务中心（一期）与雄安新区绿色展示中心

Xiong'an Science and Technology Comprehensive Service Center & Xiong'an New Area Green Building Exhibition Center

雄安科创综合服务中心包括实验室、专家会客厅、报告厅、会议室、专家临时居住客房、用餐场所、设备用房、同步配套等室外工程。作为科学园片区标志性建筑，承接北京非首都功能疏解的科技创新平台和科研机构，为科创产业区建设提供配套服务保障，营造多元化、生态化、智能化科研综合服务中心。

雄安新区绿色展示中心由7栋建筑组成，总体布局以“外城内院”为理念，形成内向庭院和尺度适宜的街坊空间。建筑界面连续，空间组织有序，场所空间丰富。沿街立体园林，展现中国文化视角下的城市意象。按照绿色建筑三星标准设计，5号楼为零能耗建筑，体现绿色低碳设计理念。

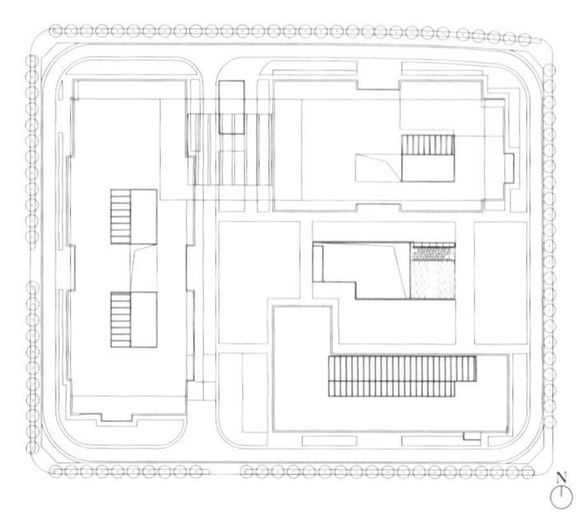

1 科创综合服务中心街景
2 总平面示意

建设单位：中国雄安集团公共服务管理有限公司（雄安科创综合服务中心A）、河北雄安润设建设发展有限公司（雄安新区绿色展示中心B）
合作设计单位：中建设计（A）、都市实践（B）
用途：实验室功能等（A）、文化设施（B）
项目进展阶段：在建
建设地点：科学园片区东部门户D01-04-02地块（A）、容东片区（B）
总建筑面积：51188.87m^2（A）、75196.6m^2（B）
用地面积：21037m^2（A）、37480m^2（B）
主体建筑结构形式：钢筋混凝土框架
主要外装修材料：陶板幕墙（A）、幕墙+涂料（B）

Clients: China Xiong'an Group Public Service Management Co., Ltd. (A),
Hebei Xiong'an Runshe Construction Development Co., Ltd. (B)
Design partners: China Construction Design (A), Urbanus(B)
Purpose: laboratory functions, etc. (A), cultural facilities (B)
Project phase: under construction
Location: Science Park Area East portal D01-04-02 plot (A), Rongdong area (B)
Total floor area: 51,183.03 m^2 (A); 75,196.6 m^2 (B)
Land area: 21,037m^2 (A); 37,480 m^2 (B)
Main building structure: reinforced concrete frame
Main exterior decoration materials: terracotta curtain wall (A), curtain wall + paint (B)

3 绿色展示中心东南街景
4 科创综合服务中心建筑风貌
5 绿色展示中心鸟瞰
6 科创中心鸟瞰

产业园区与总部办公

上海世博会地区A片区绿谷项目

The Green Valley Project in Shanghai World Expo Area

世博会地区A片区位于上海2010年世博会永久保留的“一轴四馆”东侧。核心地块称为世博绿谷，包含“四街坊、八地块”。其目标是打造世界级的商务社区，功能是商务办公、酒店，各地块配以底层商业作为区域生活服务配套。项目采取地上地下同时设计，地下空间统一建设开发的策略。

项目是以中方设计机构为主导，并在其原创的城市规划设计框架下进行国际合作的设计模式。中方既是项目的设计总控单位，又是主要的设计实施单位，负责整个项目地下空间以及核心两个街坊的全过程建筑设计工作。建筑形式表达呼应城市的既有文脉，项目作为城市集群建筑为后世博文脉的延续做了一次大胆尝试。

1 庭院空间
2 总平面示意

建设单位：上海浦东发展银行股份有限公司、上海世博发展（集团）有限公司
合作设计单位：SHL、HPP
用途：办公、酒店、商业
设计年份：2012
项目进展阶段：在建
建设地点：上海世博会地区A片区
总建筑面积：436771m^2
用地面积：80655m^2
主体建筑结构形式：框架剪力墙
主要外装修材料：石材、阳极氧化铝板、超白玻璃

Clients: Shanghai Pudong Development Bank Co., Ltd., Shanghai World Expo (Group) Co., Ltd.
Design partners: SHL, HPP
Purpose: office, hotel, commercial
Design year: 2012
Project phase: under construction
Location: Shanghai World Expo Region Plot A
Total floor area: 436,771 m^2
Land area: 80,655 m^2
Major building structure: frame-tube structure
Major exterior decoration materials: granite, anodized aluminum, glazing

3 建筑风貌
4 城市公共空间
5 建筑立面
6 鸟瞰

成都海康威视科技园

Chengdu Hikvision Science Park

项目位于成都天府新区。紧凑的单元式环形办公组团是此项目平衡各大需求研发出的独创性办公模式。这一独创的办公新模式因其独特性、高效性、巧妙性等特点获得业主的强烈认可，成为海康威视在全球布点的建筑组团新模式。此外，外向型的街区花园为科研片区带来放松、宜人的城市游憩空间。

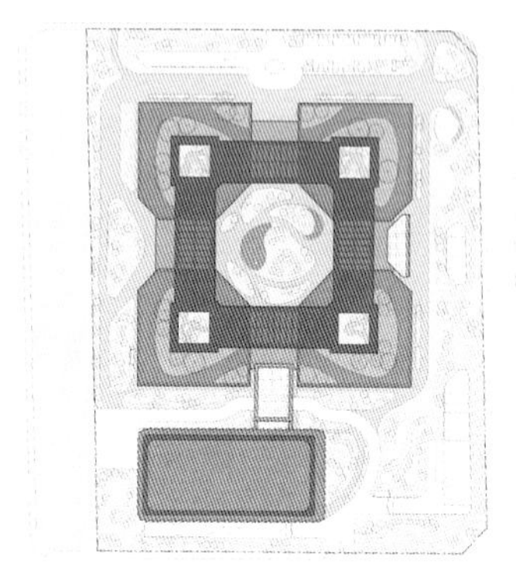

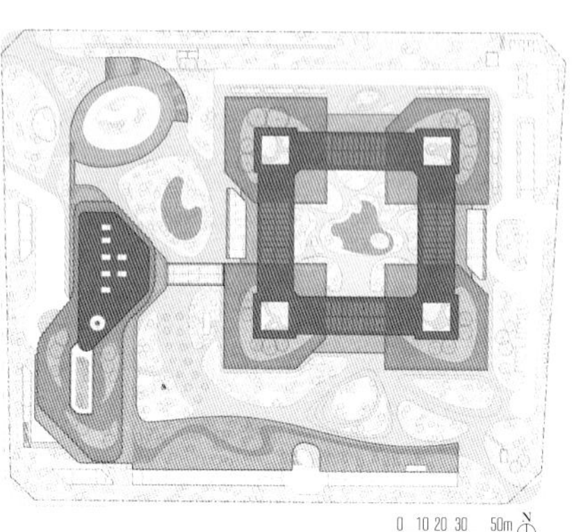

1 公共空间

2 总平面示意

建设单位：成都海康威视数字技术有限公司
用途：办公
设计年份：2017
项目进展阶段：在建
建设地点：四川省成都市天府新区
总建筑面积：346784.65m^2
用地面积：118916.96m^2
主体建筑结构形式：钢筋混凝土框架
主要外装修材料：玻璃、蜂窝板、陶板

Client: Chengdu Hikvision Digital Technology Co., Ltd.
Purpose: office
Design year: 2017
Project phase: under construction
Location: Tianfu New District, Chengdu, Sichuan Province
Total floor area: 346,784.65 m^2
Land area: 118,916.96 m^2
Main building structure: reinforced concrete frame
Main exterior decoration materials: glass, honeycomb panel, ceramic plate

3 远景鸟瞰
4 全景

上海国家会展中心暨中国国际进口博览会与虹桥国际贸易论坛场馆

National Exhibition Centre and China International Import Expo and Hongqiao International Trade Forum Venue in Shanghai

国家会展中心由展览场馆、商业中心、办公楼、酒店四部分构成，采用四叶草原形。总体布局为双层场馆，4个独立单元通过8m标高的人行会展大道联成一体，是世界上已经投入使用的最大单体会展建筑。可展览面积包括40万m^2室内展厅和北侧10万m^2室外展场。

第一届中国国际进口博览会和虹桥国际贸易论坛场馆整体提升和环境改造，选定二层16m标高的西展厅，改造为3600m^2论坛主会场和迎宾大厅，左右分别是4个单位面积近2000m^2的平行论坛分会场，以及国家馆。改造面积近5万m^2。另配有新闻媒体中心、安保指挥中心和配套用房。

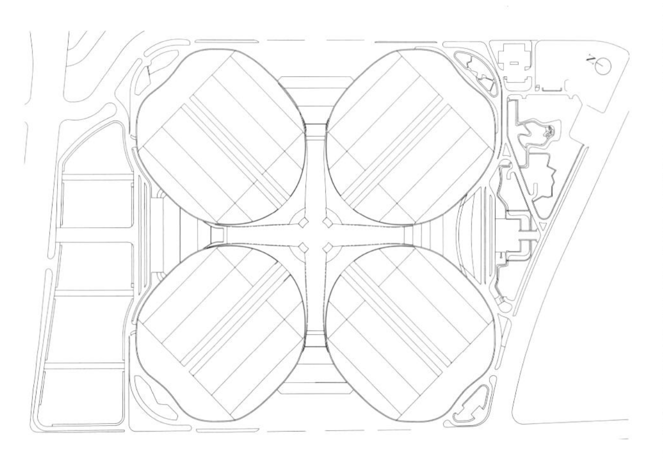

1 论坛场馆
2 总平面示意
3 全景

建设单位：国家会展中心（上海）有限责任公司
合作设计单位：清华大学建筑设计研究院有限公司
用途：会展综合体
竣工年份：2018
项目进展阶段：完成
建设地点：上海市青浦区崧泽大道333号
总建筑面积：1470000m^2
用地面积：855946.8m^2
主体建筑结构形式：混凝土框架结构、空间管桁架
主要外装修材料：玻璃幕墙、铝合金屋面

Client: National Exhibition Centre (Shanghai) Co., Ltd.
Design partner: THAD
Purpose: exhibition complex
Completion year: 2018
Project phase: completed
Location: No. 333, Songze Avenue, Qingpu District, Shanghai
Total floor area: 1,470,000 m^2
Land area: 855,946.8 m^2
Main building structure: concrete frame structure, space tube truss
Main exterior decoration materials: glass curtain wall, aluminium alloy roof

上海世博中心

Shanghai World Expo Centre

上海世博中心是世博会举行重大仪式、礼宾接待、高峰论坛、新闻发布以及大型演出等重要外事和政务活动的核心功能场所，世博会后还将转型成为一流的国际会议中心。先进完备的功能设施、大气端庄的建筑形态及精彩纷呈的内部空间，既具备经典永恒的气质，更体现全新的理念，堪称技术与艺术的结晶。

全透水道路广场和屋顶植被、太阳能热水和光伏一体化、程控绿地微灌和中水系统、气动垃圾回收和江水循环降温技术、半导体白光功能照明和充气中空金属夹丝复合玻璃全开启幕墙，达到国际领先的智能化生态建筑技术集成水平。世博中心是中国绿色三星级公共建筑，也是第一个LEED金级认证的世博会建筑。

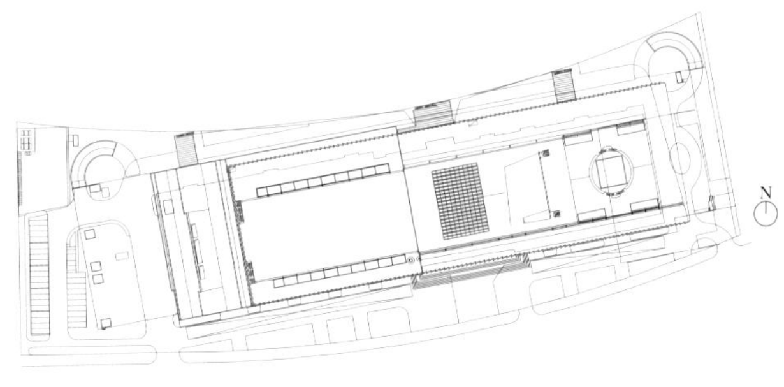

1 沿街立面
2 总平面示意

建设单位：上海世博（集团）有限公司
用途：会展建筑
设计/竣工年份：2006 / 2010
项目进展阶段：完成
建设地点：上海市浦东世博园区
总建筑面积：141990m^2
用地面积：66500m^2
座位数：2600（大会堂）
主体建筑结构形式：钢框架支承体系
主要外装修材料：玻璃、金属、石材

Client: Shanghai World Expo (Group) Co., Ltd.
Purpose: convention building
Design / Completion year: 2006 / 2010
Project phase: completed
Location: Shanghai Pudong World Expo Site
Total floor area: 141,990 m^2
Land area: 66,500 m^2
Number of seats: 2,600 (auditorium)
Main building structure: steel frame support system
Main exterior decoration materials: glass, metal, stone

3 大会堂
4 红厅
5 夜景

南京国际博览中心

Nanjing International Expo Center

南京国际博览中心处于河西中央区的中心位置，区位条件优越，交通便捷，环境优美。它以其独特外形、景观和材料，使参观者能够感觉到钟山风景区和石头山所给予的环绕感，并且在这片能够使人联想到长江和玄武湖的水景区，寻找到一个充满新颖理念的会展市场，从而使参观者对南京独有的秀丽和悠久的历史流连忘返。

南京国际博览中心共有9个类似的标准展厅沿主轴连廊展开，分为两期，会议中心位于9座大厅的焦点位置，沿主轴连廊分布着临湖餐厅和VIP厅。博览中心将成为一个大型公园，周围是高楼密集的河西开发区，并与规划中的中央公园和长江绿化带相连接。

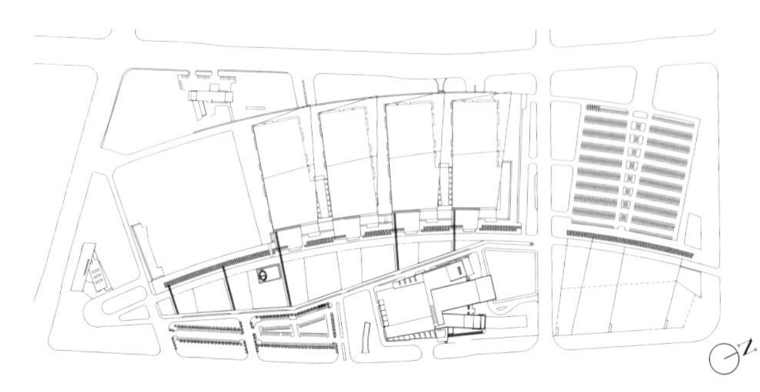

1 展厅室内
2 总平面示意

建设单位：南京市河西新城区国有资产经营有限责任公司
合作设计单位：TVS INTERNATIONAL, INC.
用途：会展建筑
设计年份：2006
项目进展阶段：完成
建设地点：江苏省南京市江东中路、河西大街、燕山路、金沙江西路围合区域
总建筑面积：291879m^2
用地面积：325061m^2
主体建筑结构形式：钢筋混凝土框架结构和平面张弦梁结构
主要外装修材料：玻璃幕墙、石材、复合铝板

Client: Nanjing Hexi New Town State-owned Assets Management Co., Ltd.
Design partner: TVS INTERNATIONAL, INC.
Purpose: convention building
Design year: 2006
Project phase: completed
Location: area enclosed by Middle Jiangdong Road, Hexi Street, Yanshan Road and Jinsha River Road in Nanjing, Jiangsu Province
Total floor area: 291,879 m^2
Land area: 325,061 m^2
Main building structure: reinforced concrete frame structure & plane BBS
Main exterior decoration materials: glass curtain wall, stone, composite aluminum panel

3 货运出入口
4 展厅登录厅
5 展厅次入口

会议会展
综合体

武汉天河国际会展中心

Wuhan Tianhe International EXPO

武汉天河国际会展中心位于武汉黄陂临空经济区核心，距离天河机场仅5km，将建成世界级综合性会展中心，作为未来承担国际、国家重要展会的主场馆。会展中心规划净展面积45万m^2，户外展场3万m^2，建成后将成为中部最大、全国前三的会展中心。

武汉天河国际会展中心设计以“天河之水”为主题，整体建筑设计恢宏大气，波澜壮阔，奔流不息。会展中心充分考虑场馆的交通流线设计，全部展厅均采用鱼骨式布局，沿两个南北轴线对称排列，高效灵活。通过打造景观中轴线，将5.5万m^2的集中公园绿地向公众开放。

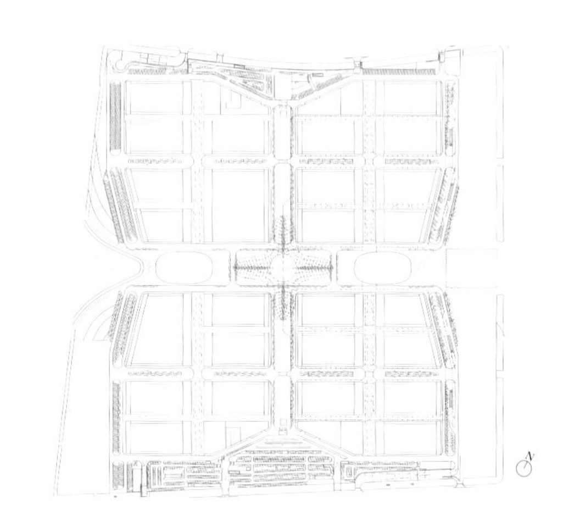

建设单位：武汉申绿国展实业有限公司
合作设计单位：瓦罗德皮斯特建筑设计咨询（北京）有限公司
合作设计单位承担角色：建筑方案设计
用途：会展综合体
设计年份：2019
项目进展阶段：在建
建设地点：湖北省武汉市临空经济区航城西路以东
总建筑面积：990711.14m^2
用地面积：1055255.85m^2
主体建筑结构形式：框架结构
主要外装修材料：铝板、玻璃、涂料

Client: Wuhan Shenlv Guozhan Industrial Co., Ltd.
Design partner: Valode et Pistre architectes
Design partner's role: architectural scheme design
Purpose: exhibition complex
Design year: 2019
Project phase: under construction
Location: East of Hangcheng West Road, Linkong Economic Zone, Wuhan, Hubei Province
Total floor area: 990,711.14 m^2
Land area: 1,055,255.85 m^2
Main building structure: frame structure
Main exterior decoration materials: aluminum plate, glass, coating

1 入口广场
2 总平面示意

3 全景鸟瞰
4 日景
5 夜景

杭州国际博览中心二期项目

Hangzhou International Expo Center Phase II Project

项目位于杭州市钱江世纪城奥体博览城核心区，南临G20峰会主会场，西望钱江，具备重要的项目区位，是集展览、会议、办公、酒店、博物馆等配套设施于一体的会展综合体。国际博览中心二期扩建将推动形成以会展为核心，融合相关产业发展的"会展产业园"全新模式。

在空间形态上，与隔江相望的"日月同辉"建筑群遥相呼应。在产业功能上，与亚运场馆形成会展+体育的功能叠加，优势互补，资源共享，全力打造为杭州国博后G20时代，功能复合、形态庄重、使用灵活的会展综合体。

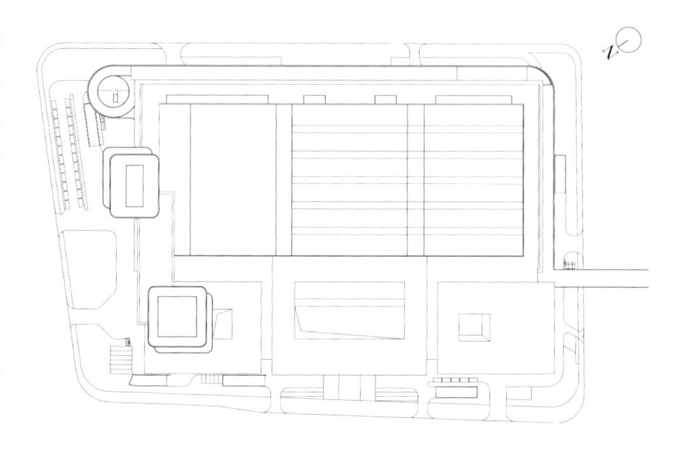

建设单位：杭州萧山钱江世纪城开发建设有限责任公司
用途：会展综合体
设计年份：2017
项目进展阶段：在建
建设地点：杭州市萧山区钱江世纪城奥博单元BJ1702-02地块
总建筑面积：460355.5m^2
用地面积：87245m^2
主体建筑结构形式：钢结构/钢管混凝土框架柱+钢筋混凝土核心筒结构（地上）；钢筋混凝土框架结构（地下）
主要外装修材料：玻璃幕墙、陶板

Client: Hangzhou Xiaoshan Qianjiang Century City Development and Construction Co., Ltd.
Purpose: exhibition complex
Design year: 2017
Project phase: under construction
Location: Block BJ1702-02, Aobo Unit, Qianjiang Century City, Xiaoshan District, Hangzhou
Total floor area: 460,355.5 m^2
Land area: 87,245 m^2
Main building structure: steel structure/CFST frame column + reinforced concrete core tube structure (above ground); reinforced concrete frame structure (underground)
Main exterior decoration materials: glass curtain wall, ceramic plate

1 街景
2 总平面示意

3 建筑风貌
4 区域景观

复旦大学附属中山医院门急诊医疗综合楼

Clinic Medical Complex Building of Affiliated Zhongshan Hospital of Fudan University

复旦大学附属中山医院是一所集医疗、教学、科研于一体的大型现代化综合性医院，也是上海市首批国家三级甲等医院之一，并被国家主管部门列为三级特等医院。

因中山医院的门急诊部用房面积狭小，已无法适应日益增长的广大病员的就医需要，为此，经主管部门批准扩建中山医院门急诊医疗综合楼。本项目建成具有现代化一流水平的门急诊医疗综合楼。

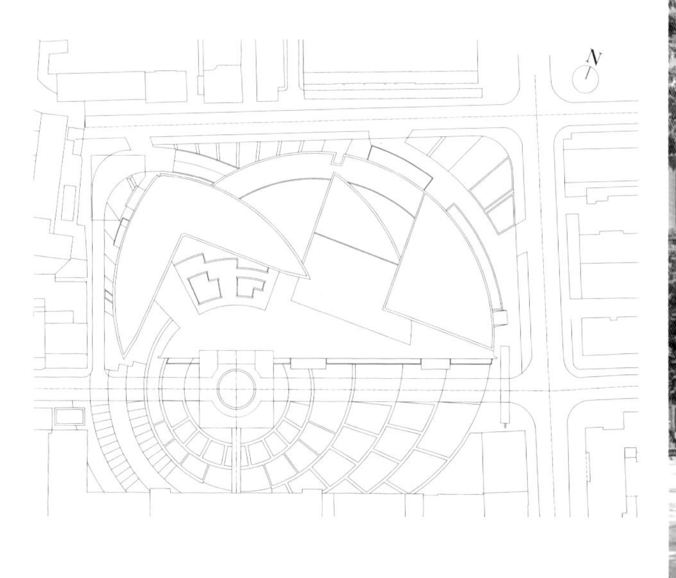

1 建筑细部
2 总平面示意

建设单位：复旦大学附属中山医院
合作设计单位名称：思构国际设计公司
合作设计单位承担角色：方案设计
用途：医疗建筑
设计/竣工年份：2002/2005
项目进展阶段：完成
建设地点：上海市医学院路100号
总建筑面积：72076m^2
用地面积：10632m^2
主体建筑结构形式：框架、框架剪力墙结构
主要外装修材料：花岗石、铝板、玻璃

Client: Affiliated Zhongshan Hospital of Fudan University
Design partner: SCAU International
Design partner's role: scheme design
Purpose: hospital
Design/Completion year: 2002/2005
Project phase: completed
Location: No. 100 Yixueyuan Road, Shanghai
Total floor area: 72,076 m^2
Land area: 10,632 m^2
Main building structure: frame structure, frame - shear wall structure
Main exterior decoration materials: granite, aluminum plate, glass

3 庭院入口
4 全景

天津医科大学泰达中心医院

TEDA Central Hospital of Tianjin Medical University

泰达中心医院地处天津滨海新区的中心，本项目精心组织适合当地医疗需求的医疗功能环节和医疗功能模式，建设成为拥有500张床位的三级综合医院。以人为本的概念深入现代化医院的策划、规划、设计、建造中，满足各类人员对建筑空间、场地、环境的需求。

建成后的泰达中心医院功能明确，环境优美，流线清晰，体现出地域时代精神。同时，作为当地社会功能的重要组成，将自身的建设与发展纳入社会发展的总体框架。

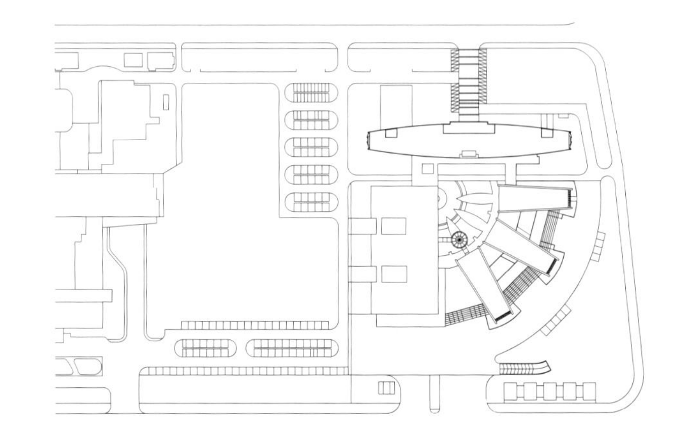

建设单位：天津经济技术开发区建设发展管理局
用途：医疗建筑
设计/竣工年份：2004/2007
项目进展阶段：完成
建设地点：天津市经济技术开发区第三大街65号
总建筑面积：77081m²
用地面积：67283m²
床位数：500
主体建筑结构形式：框剪结构
主要外装修材料：石材、玻璃幕墙

Client: Construction & Development Management Bureau of Tianjin Economic and Technological Development Zone
Purpose: medical building
Design / Completion year: 2004 / 2007
Project phase: completed
Location: No. 65, the 3rd Street in Tianjin Economic and Technological Development Zone
Total floor area: 77,081 m²
Land area: 67,283 m²
Number of bed: 500
Main building structure: frame shear wall
Main exterior decoration materials: stone, glass curtain wall

1 沿街景观
2 总平面示意

3 主楼立面
4 建筑局部

山东省立医院东院区

Shandong Provincial Hospital (Eastern Section)

山东省立医院是山东省具有百年历史的大型三级甲等综合医院，新建东院区位于济南东部奥体政务中心，床位有1500张。

本项目设计关注城市规划、医疗流程、人文关怀和地域文化，体现大型现代化医院特色。采用“一轴多核”的线形规划结构，确保医院规划自身的健康运作。以临床学科为分区功能组织的核心，构建诊、查、治对应的诊疗分中心，突出学科技术优势，提高服务运营效率。采用自然通风、屋顶绿化、电动遮阳、通信自动化、办公自动化、楼宇自动化、气动物流等绿色、智能和医疗技术，提升服务管理水平。造型设计以功能为核心，实现技术与艺术的完美结合，寓意“荷花满塘，医海绽放”的地域文化特色。

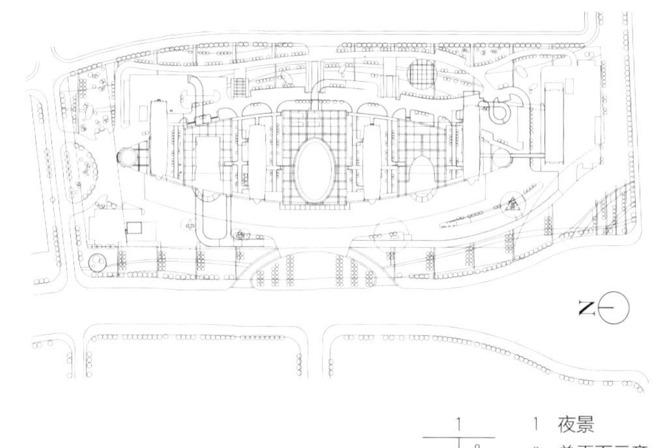

1 夜景
2 总平面示意

建设单位：山东省立医院
合作设计单位：法国思构建筑设计咨询有限公司
合作设计单位承担角色：咨询
用途：医疗建筑
设计/竣工年份：2007/2011
项目进展阶段：完成
建设地点：山东省济南市
总建筑面积：168799.5m^2
用地面积：95500m^2
床位数：1500
主体建筑结构形式：框架—剪力墙
主要外装修材料：石材、玻璃幕墙

Client: Shandong Provincial Hospital
Design partner: Société de Conception d'Architecture et d'Urbanisme (SCAU)
Design partner's role: consultancy
Purpose: medical building
Design / Completion year: 2007 / 2011
Project phase: completed
Location: Jinan, Shandong Province
Total floor area: 168,799.5 m^2
Land area: 95,500 m^2
Number of bed: 1,500
Main building structure: frame-shear wall
Main exterior decoration materials: stone, glass curtain wall

3 中庭
4 大厅
5 建筑局部

复旦大学附属妇产科医院杨浦新院

Yangpu New Hospital of the Obstetrics & Gynecology Hospital of Fudan University

复旦大学附属妇产科医院杨浦新院工程选址于上海市杨浦区南部。以科学合理的宏观流程，整合全院的功能分区。强调医院功能的稳定性、适应性，为发展留有余地。总体布局以主体“医疗街”串接门急诊、医技、住院、科研教学各功能区，结构明确，流程清晰，独立成区，又互相紧密联系。

运用建筑平面功能体系模块化，合理布置门诊、急诊、医技和住院功能，相关功能集中布置，服务半径更合理，注重资源共享，避免不必要的穿越干扰，各类人群使用空间明确，创造了高效的内部医疗环境。

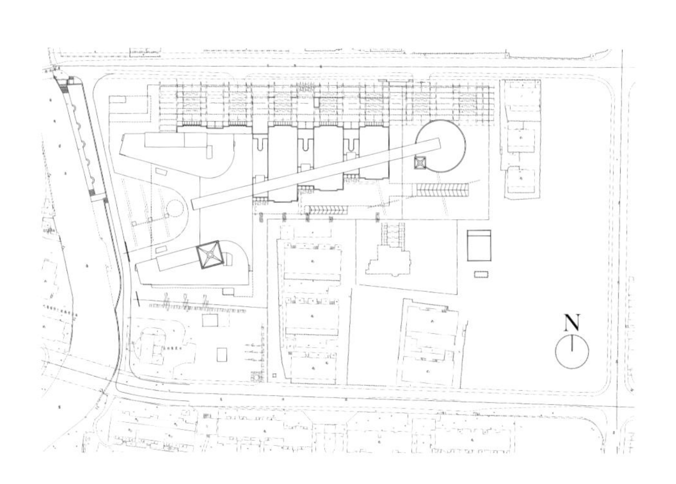

1 街景
2 总平面示意

建设单位：复旦大学附属妇产科医院
用途：医疗建筑
设计/竣工年份：2005/2009
项目进展阶段：完成
建设地点：上海市杨浦区沈阳路南侧，眉州路西侧
总建筑面积：61624m^2
用地面积：33333m^2
床位数：450
主体建筑结构形式：框架剪力墙
主要外装修材料：面砖与石材

Client: Obstetrics & Gynecology Hospital of Fudan University
Purpose: medical building
Design / Completion year: 2005 / 2009
Project phase: completed
Location: south side of Shenyang Road and west side of Meizhou Road in Yangpu District, Shanghai
Total floor area: 61,624 m^2
Land area: 33,333 m^2
Number of bed: 450
Main building structure: frame shear wall
Main exterior decoration material: facing brick & stone

3 院区景观
4 建筑风貌

南京市南部新城医疗中心

Nanjing Southern Metro Medical Center

项目位于南京市南部新城中心区域，建设用地整体呈不规则梯形，已建设成为总床位数1500张的综合性三级甲等医院。

主要功能包括住院楼A、住院楼B、门急诊医技综合楼、行政科研综合楼、后勤综合楼等。住院楼A、行政科研综合楼和住院楼B高17层，在顶层连为一体，构成圆环状围合形式的主体建筑形象。以环形的公共服务资源为核心，组织高效的网格状医疗功能流程体系。设计既提升就医体验，缓解医疗常见问题，又提升行医效率，改善医护人员工作环境，创造温馨、舒适、绿色、环保的医疗环境。

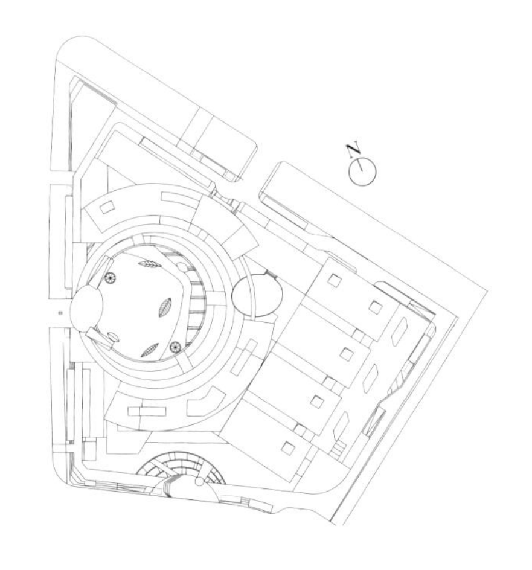

建设单位：南京市南部新城开发建设管理委员会
用途：医疗建筑
设计/竣工年份：2012/2018
项目进展阶段：完成
建设地点：南京市大明路、永乐路
总建筑面积：307606m^2
用地面积：61500m^2
主体建筑结构形式：框架剪力墙
主要外装修材料：石材、玻璃、铝板

Client: Nanjing Southern Metro Development and Construction Management Committee
Purpose: medical building
Design/Completion year: 2012/2018
Project phase: completed
Location: Daming Road, Yongle Road, Nanjing, Jiangsu Province
Total floor area: 307,606 m^2
Land area: 61,500 m^2
Main building structure: frame shear wall
Main exterior decoration materials: stone, glass, aluminum plate

1 中心景观花园
2 总平面示意

3 南侧永乐路夜景
4 医疗街
5 分层挂号大厅
6 西侧大明路鸟瞰

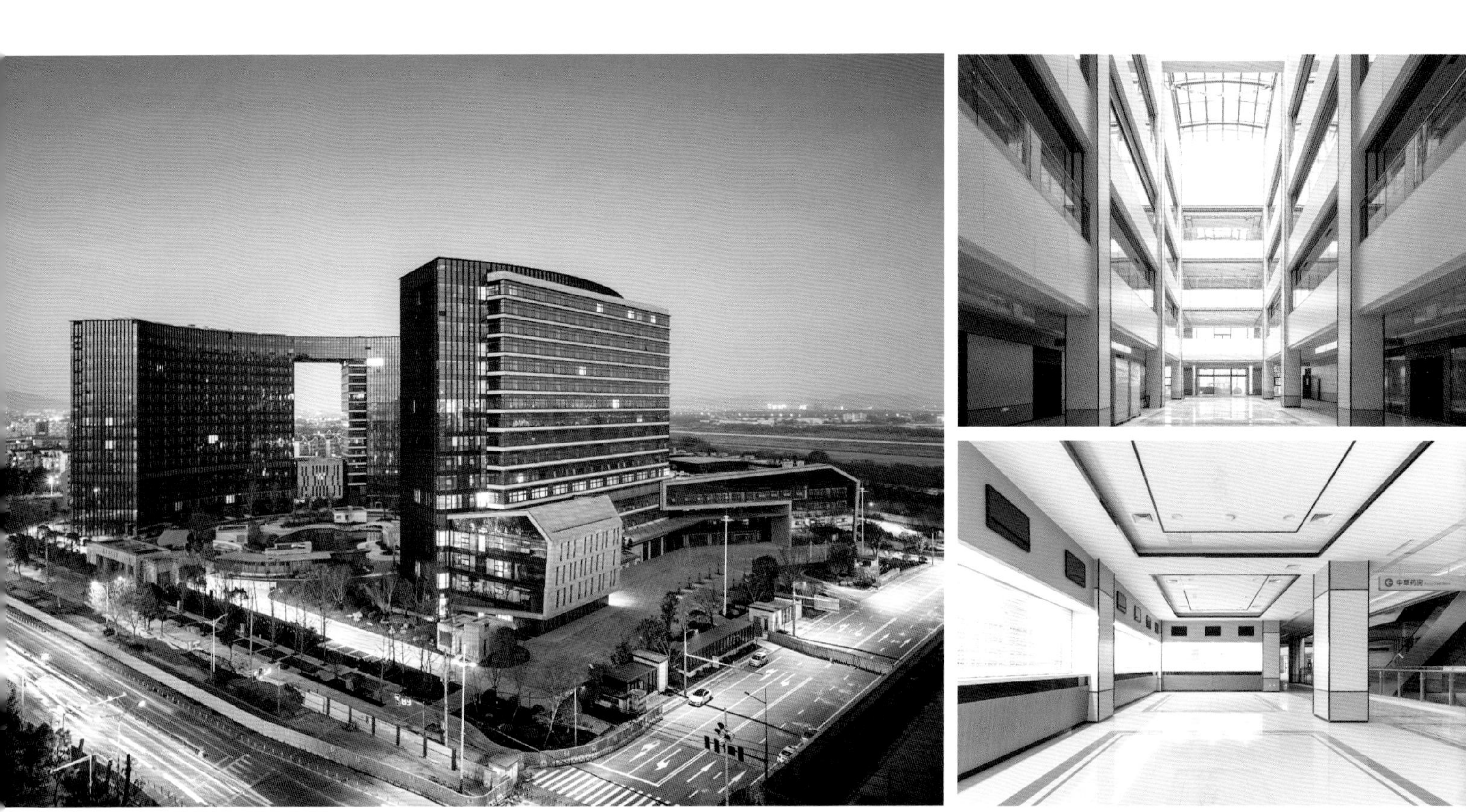

重庆市妇幼保健院迁建工程

Relocation Project of Chongqing Maternal and Child Care Hospital

本工程是满足现代医疗流程的三级甲等专科医院，包括住院楼、门诊医技综合楼、行政楼等单体建筑。根据已形成的城市肌理和用地状况，总体采用紧凑式布局，中央形成集中景观绿化区，各单体建筑通过连廊便捷联系。主体建筑工字条形布局，平面灵活规整，合理布置门诊、急诊、医技和住院等功能，相关功能集中布置，服务半径更合理，注重资源共享。在有限的基地中争取尽可能大的绿地，庭院式建筑布局，为病人提供舒适、安静的休憩场所。

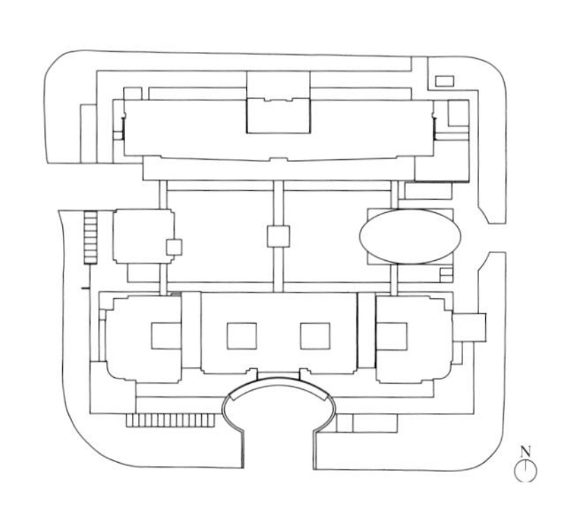

建设单位：重庆市妇幼保健院
用途：医疗建筑
设计/竣工年份：2010/2017
项目进展阶段：完成
建设地点：重庆市渝北区龙山路120号
总建筑面积：104740m^2
用地面积：28461m^2
床位数：500
主体建筑结构形式：框架剪力墙
主要外装修材料：软磁、陶板、铝板、石材

Client: Chongqing Maternal and Child Care Hospital
Purpose: medical building
Design / Completion year: 2010/2017
Project phase: completed
Location: No. 120, Longshan Road, Yubei District, Chongqing
Total floor area: 104,740 m^2
Land area: 28,461 m^2
Number of bed: 500
Main building structure: frame-shear wall
Main exterior decoration materials: soft magnetic, ceramic plate, aluminum plate, stone

1 庭院
2 总平面示意

3 街景
4 大厅
5 等候区
6 鸟瞰

医疗与康养

上海泰康之家・申园

Taikang Community · Shenyuan in Shanghai

项目基地位于上海松江区，包括六栋独立生活楼、一栋康复医院以及社区公共服务设施。

社区中心位于基地的中心部位，向居民提供完善的日常活动和服务。独立生活楼为健康活力老人提供居住和日常生活服务，房间均采用居家化设计风格。康复医院为二级康复医院，采用“大专科，小综合”的医疗模式，主要提供针对老年人的康复及相关综合医疗、住院服务。同时，医院楼的第七至十七层还可以提供专业护理（介护）、协助护理（介助）和记忆障碍护理。

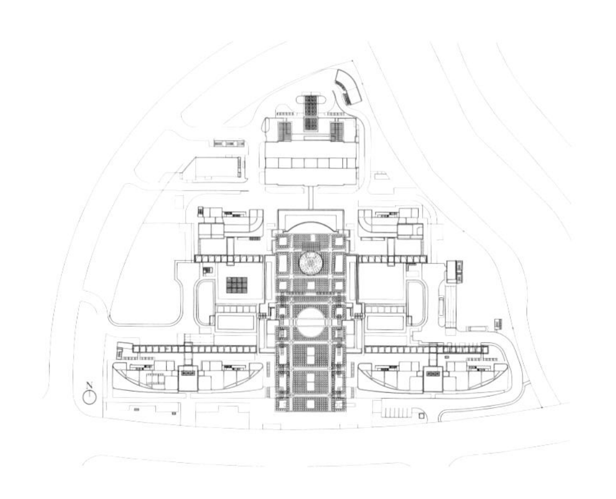

建设单位：广年（上海）投资有限公司
合作设计单位：约翰・波特曼建筑设计事务所
合作设计单位承担角色：方案设计
用途：养老、医疗
设计/竣工年份：2013/2016
项目进展阶段：完成
建设地点：上海市松江区广轩路298号
总建筑面积：162757.9m^2
用地面积：45969.4m^2
康复医院床位数：200
主体建筑结构形式：框架—剪力墙
主要外装修材料：石材、涂料、玻璃幕墙

Client: Guangnian (Shanghai) Investment Co., Ltd.
Design partner: John Portman & Associates
Design partner's role: schematic design
Purpose: elderly care, medical service
Design / Completion year: 2013/2016
Project phase: completed
Location: No. 298, Guangxuan Road, Songjiang District, Shanghai
Total floor area: 162,757.9 m^2
Land area: 45,969.4 m^2
Number of bed at the rehabilitation hospital: 200
Main building structure: frame-shear wall structure
Main exterior decoration materials: stone, coating, glass curtain wall

1 鸟瞰
2 总平面示意

3 休息区
4 大厅
5 建筑外观

上海闵行江川社区MHP-102单元26街坊26-08地块（上海闵行区海鸥养老院）

Shanghai Minhang Jiangchuan Community MHP-102 Neighborhood 26 Plot 26-08 (Minhang District, Shanghai Seagull Care Home)

为了体现对劳模群体的关怀和照顾，满足闵行地区对基本型养老设施的需求，在上海市总工会闵行区工人文化宫地块，新建闵行养老院，为劳模群体提供养老、护理服务的公益性养老设施。

本项目设计有725个养老床位、配套公共活动等功能。地上8层，地下1层。倡导“积极养老”的理念，提升老年人幸福感，营造“乐龄社区”。为老年人提供人性化、个性化的社区服务，营造社区归属感，使老年人在社区中健康、有尊严地生活。

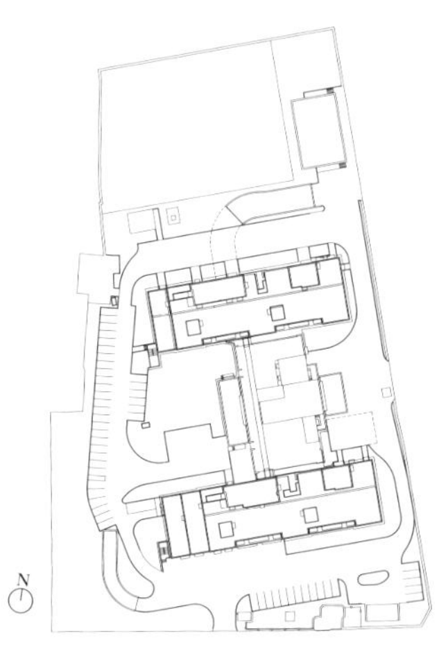

建设单位：上海市工人疗养院
用途：养老、医疗
设计/竣工年份：2019/2021
项目进展阶段：完成
建设地点：上海市闵行区碧江路310号
总建筑面积：32576m^2
用地面积：18321m^2
主体建筑结构形式：框架
主要外装修材料：石材、真石漆

Client: Shanghai Workers' Sanatorium
Purpose: elderly care services, medical services
Design/Completion year:2019/2021
Project phase: completed
Location: No. 310, Bijiang Road, Minhang District, Shanghai
Total floor area: 32,576 m^2
Land area: 18,321 m^2
Main building structure: frame structure
Main exterior decoration material: stone, real stone paint

1 主入口实景
2 总平面示意

3 鸟瞰
4 主沿街实景
5 内院实景

太保家园·上海东滩国际颐养中心

PACIFIC CARE HOME · Shanghai Dongtan International Care Center

项目是中国太保在上海的首个大型高品质国际颐养社区，位于崇明生态岛南端的东滩地区，包含超过800套自理型、旅居型、专业护理型养老公寓，致力于打造集度假、休闲、养老养生为一体的社区，体现海派文化特色。

酒店大堂及公区布置在西地块中心位置，充分考虑旅客社交、活动、餐饮、会议、疗养的需求。客房围绕公区布置，高效连接。客房设计充分考虑室内与室外融合，通过不同进深客房的组合制造更多的露台与阳台，引入空中院子与中式院子的VIP客房。东地块建筑布局以春晓河和颐湖为景观终点，从北至南分别为图书馆、健身中心、综合文化中心，各个功能建筑都可以通过屋顶相连。

建设单位：上海梵昆房地产开发有限公司
合作设计单位：上海松乔健康管理有限公司
合作设计单位承担角色：前期方案
用途：养老公寓
设计年份：2020
项目进展阶段：在建
建设地点：上海市崇明区东滩大道
总建筑面积：117349m^2
用地面积：77830.7m^2
主体建筑结构形式：框架结构
主要外装修材料：面砖、石材

Client: Shanghai Fankun Real Estate Development Co., Ltd.
Design partner: Shanghai Home of Joy Wellness Management LLC
Design partner's role: architectural design
Purpose: senior living
Design year: 2020
Project phase: under construction
Location: Dongtan Avenue, Chongming District, Shanghai
Total floor area: 117,349 m^2
Land area: 77,830.7 m^2
Main building structure: frame structure
Main exterior decoration materials: ceramic tiles, stone

1 明慈路街景
2 总平面示意

3 东滩大道街景
4 鸟瞰

太保家园 · 青岛国际康养社区

PACIFIC CARE HOME · Qingdao International Care Center

项目按全功能、高档次、高品质的标准设计建设，精心打造适合我国长者居住的康养社区，提供高端专业的康养保障。通过对公共活动空间和居住空间的规划设计，营造尺度宜人、使用方便、交通便捷、景观亲和的空间场所，给长者提供温暖舒适的环境。丰富的休闲文化活动空间及游憩空间，促进人与人、人与自然的交流，提升长者生活的乐趣与幸福感，体现乐享生活的康养态度，创造具有归属感的精神家园。

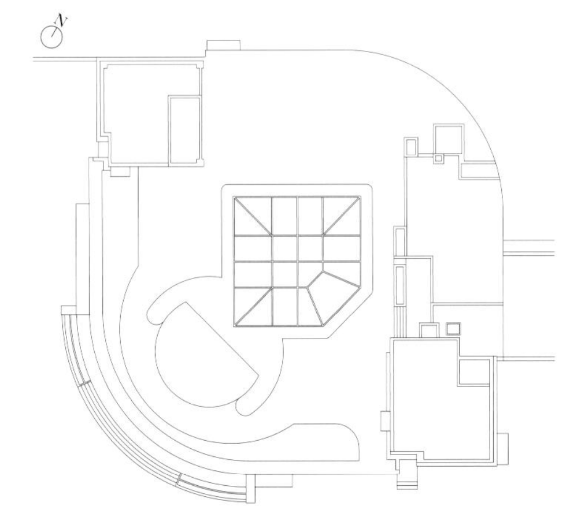

1 室内回廊
2 总平面示意

建设单位：太保养老服务（青岛）有限公司
合作设计单位：上海松乔健康管理有限公司（前期方案设计）、上海骏地装饰设计工程有限公司（室内设计）
用途：养老、医疗
设计年份：2022
设计进展阶段：施工图
建设地点：山东省青岛市市南区香港西路47号
总建筑面积：17108.46m^2
用地面积：2020.3m^2
主体结构形式：框架结构
主要外装修材料：铝板、石材、金属

Client: Qingdao Pacific Care Home Senior Living Service Co., Ltd.
Design partners: Shanghai Home of Joy Wellness Management LLC (architectural design); Shanghai JUND Interior Design Co., Ltd. (interior design)
Purpose: elderly care services, medical services
Design year: 2022
Project phase: construction drawing design
Location: No. 47 Hongkong West Road, Shinan District, Qingdao, Shandong Province
Total floor area: 17,108.46 m^2
Land area: 2,020.3 m^2
Main building structure: frame structure
Main exterior decoration materials: ceramic tiles, stone, metal

3 鸟瞰
4 中庭
5 街景

上海交通大学医学院附属瑞金医院肿瘤（质子）中心

医疗与康养

Tumor (Proton) Center of Ruijin Hospital, School of Medicine, Shanghai Jiaotong University

本项目是由门诊、质子治疗与科研、检查等功能一体化的肿瘤（质子）中心楼及和附属用房能源中心等组成的，是具有国际水平的科研型医疗机构。

质子治疗装置是精密的大型医疗设备，对加速器、输运线、旋转机架以及治疗头的控制有很高的精度要求，需要采用超常规的设计方式和精密的物理环境。控制基础沉降、降低大型装置预埋件变形，监测并控制周边振动对精密设备的影响，提高束流精度。加强防渗、防水、防潮等构造措施。采用精密空调，精确控制室内温度和湿度。监控电源，减少接地电阻，提高用电品质，避免雷电天气和电网谐波的影响。

设计从空间尺度、室内色彩和服务半径出发，营造温馨舒适的人文关怀环境、交流候诊空间和便利的公共设施。

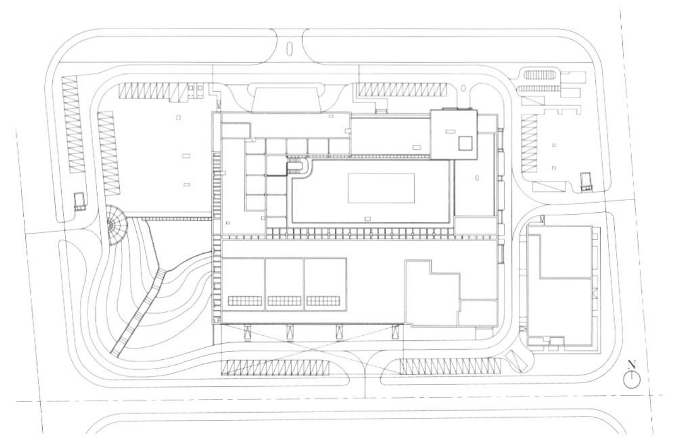

1 下沉庭院
2 总平面示意

建设单位：上海交通大学医学院附属瑞金医院
用途：医疗
设计/竣工年份：2013/2018
项目进展阶段：完成
建设地点：上海市嘉定区双丁路
总建筑面积：25997m^2
用地面积：26280m^2
主要外装修材料：涂料

Client: Ruijin Hospital, School of Medicine, Shanghai Jiaotong University
Purpose: medical treatment
Design /Completed year: 2013/2018
Project phase: completed
Location: Shuangding Road, Jiading District, Shanghai
Total floor area: 25,997 m^2
Land area: 26,280 m^2
Main exterior decoration material: coating

3 主入口立面
4 红砖立面

上海华东医院南楼整体修缮改造工程

South Building of Huadong Hospital Repair and Reconstruction Project

华东医院南楼前身为宏恩医院，是匈牙利著名建筑师邬达克的重要作品，被列为上海市级文物和优秀历史建筑。修缮工程包括顶升托换、隔震减震、加固修缮以及设备更新等。顶升工程创造了目前国内建筑面积最大、形体最不规则的文物建筑整体提升工程纪录。增加隔震支座，提高文物建筑的抗震性能。

建筑修缮与保护遵从文物修缮原则，外立面清洗恢复，周边场地整饬，入口及中央大厅等核心空间清洗复原。同时，对其他室内空间、设备设施进行装修翻新。全面复原建筑的历史面貌，整体提升文物的结构安全性能，提高使用舒适性，修旧如旧，延续文物历史价值。

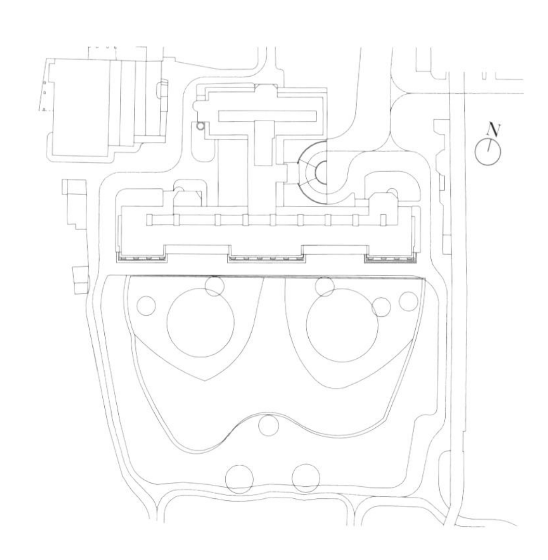

建设单位：华东医院
用途：医疗
设计年份：2016
项目进展阶段：在建
建设地点：上海市静安区延安西路221号
总建筑面积：10776.67m²
用地面积：11610m²
主体建筑结构形式：钢筋混凝土框架结构
主要外装修材料：干粘石、斩假石

Client: Huadong Hospital
Purpose: medical treatment
Design year: 2016
Project phase: under construction
Location: No. 221 Yan'an West Road, Jing'an District, Shanghai
Total floor area: 10,776.67 m²
Land area: 11,610 m²
Main building structure: reinforced concrete frame structure
Main exterior decoration materials: dry dash, artificial stone

1 南立面
2 总平面示意

3 东立面
4 病房
5 中央大厅

苏州大学附属第一医院总院二期工程

Phase II of the General Hospital of First Affiliated Hospital of Suzhou University

苏州大学附属第一医院总院二期工程项目总投资28亿元，床位1800张，拥有40 多个科室，包括门诊楼、急诊楼、感染及核医学楼、住院楼、科研楼。加上一期的1200张床位，总床位数将达到3000张，成为苏州市规模最大的三级甲等综合性医院。

信有山林在市城，本项目打造成立体化、多层次的全新花园式医疗综合体。采用“叠绿”的景观概念，将医院有机融于环境之中。将建筑裙房退台式处理，层层叠叠犹如渐次跌落的自然山体，巧妙融入场地环境中。基地内设有不同主题绿色花园，创造了更多为患者疗愈的场所。将绿化引入室内，让医疗建筑摆脱冷冰的氛围，创造一个四季如春的绿色空间。

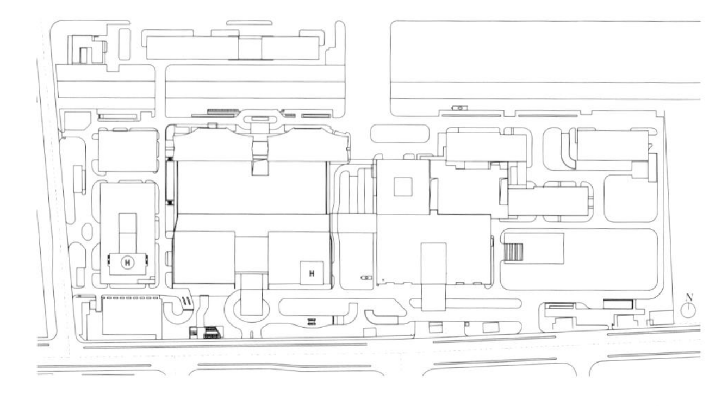

1 北向鸟瞰
2 总平面示意

建设单位：苏州大学附属第一医院
用途：医疗
设计年份：2019
项目进展阶段：在建
建设地点：苏州市平海路899号
总建筑面积：332451.47m^2
用地面积：113004m^2
主体建筑结构形式：钢筋混凝土框架—剪力墙结构
主要外装修材料：铝板、中空Low-E玻璃

Client: The First Affiliated Hospital of Suzhou University
Purpose: medical
Design year: 2019
Project phase: under construction
Location: No. 899, Pinghai Street, Suzhou, Jiangsu Province
Total floor area: 332,451.47 m^2
Land area: 113,004 m^2
Main building structure: reinforced concrete frame-shear wall structure
Main exterior decoration materials: aluminum plate, hollow Low-E glass

3 东南向鸟瞰
4 下沉庭院
5 东南角景观

宁波市第一医院异地建设（一期）工程

Allopatry Construction (Phase I) of Ningbo First Hospital

项目以“浙江省医学中心”为目标，按综合三级医院的标准，一次规划，分步实施。一期建设1200张床位，以“大综合、强专科”理念，立足特色学科，进行整体功能布局。规划采用中心医疗街的结构布局，以医技为中心，将门诊、急诊、医技、住院及其他医疗功能有机整合。按照功能分区设置门诊、急诊、后勤等出入口，实现安全、舒适的景观步行环境。

内部使用空间根据科室功能、三区划分，实现医患分置、洁污分流。综合比较一次性投入和全生命周期运行维护成本，优化方案，降低能耗，提高医院的整体运行效率。整体建筑随场地转折变化，造型采用简洁的水平线条，适度起伏变化，形式结合功能，简洁大方。

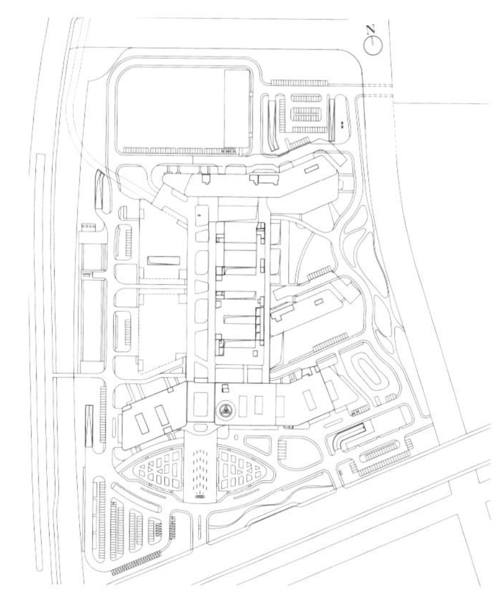

建设单位：宁波市第一医院
用途：医疗卫生
设计/竣工年份：2018/2022
项目进展阶段：完成
建设地点：浙江宁波奉化区方桥
总建筑面积：214672.82m²
用地面积：172655m²
主体建筑结构形式：钢筋混凝土框架结构
主要外装修材料：铝板+涂料

Client: Ningbo First Hospital
Purpose: medical treatment
Design /Completion year: 2018/2022
Project phase: completed
Location: Fangqiao, Fenghua District, Ningbo, Zhejiang Province
Total floor area: 214,672.82 m²
Land area: 172,655 m²
Main building structure: reinforced concrete frame structure
Main exterior decoration materials: aluminum plate + coating

1 门诊入口
2 总平面示意

3 南侧鸟瞰
4 西侧鸟瞰

上海中医药大学附属岳阳中西医结合医院门诊综合楼改扩建工程

Renovation and Expansion Project of Yueyang Hospital of Integrated Traditional Chinese and Western Medicine

项目基地位于虹口区甘河路110号院区内部，由于院区内部用地极为紧张，拆除现状4层门诊楼及2层特需门诊楼，并在相应位置建设新的门诊综合楼建筑。新建门诊综合楼规划限高60m。

建筑体量较大，功能复合，包括门诊、手术中心、ICU、消毒供应中心、外科病房等。由于用地局促，周边保留建筑及管网情况复杂，设计难度较大。设计团队综合考虑院区新老功能衔接、空间整合、交通梳理，抽丝剥茧，由宏观到局部层层深入，打造总体医疗流程更趋合理、空间舒适的医疗综合体，并成为城市中心城区中大型医院有机更新的优秀范本。

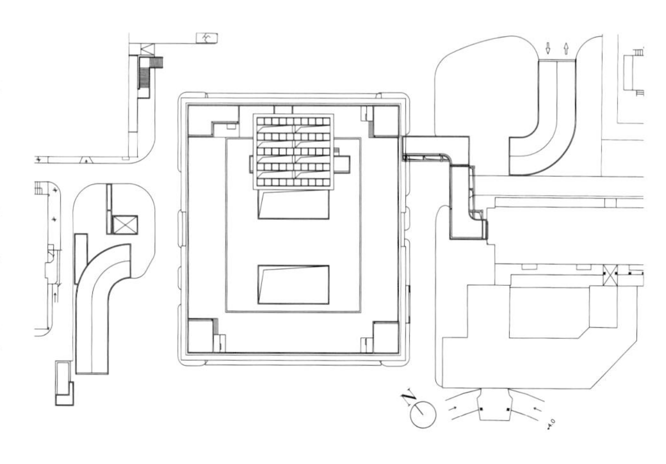

建设单位：上海中医药大学附属岳阳中西医结合医院
用途：医疗
设计年份：2019
项目进展阶段：在建
建设地点：上海市虹口区甘河路110号
总建筑面积：48744m^2
用地面积：8468m^2
主体建筑结构形式：钢筋混凝土框架—剪力墙结构
主要外装修材料：铝板、中空Low-E玻璃

Client: Yueyang Hospital of Integrated Traditional Chinese and Western Medicine, Shanghai University of Traditional Chinese Medicine
Purpose: medical complex
Design year: 2019
Project phase: under construction
Location: No.110 Ganhe Road, Hongkou District, Shanghai
Total floor area: 48,744 m^2
Land area: 8,468 m^2
Main building structure: reinforced concrete frame-shear wall structure
Main exterior decoration materials: aluminum panel curtain wall, insulating glass

1 主入口鸟瞰
2 总平面示意
3 沿街透视图

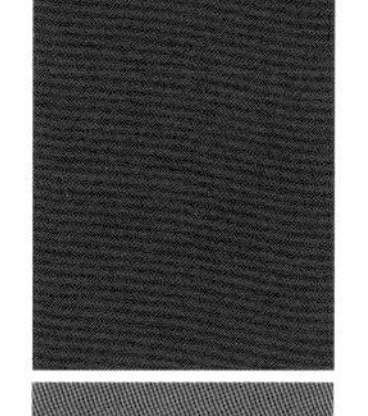

酒店建筑

深圳紫荆山庄

Zijing Villa in Shenzhen

项目努力呈现“内敛、低调、轻松、舒适”的特点，兼顾环保要求，并因地制宜，形成诗意的园林式建筑布局的建筑风格。“源自景观，融于景观，化为景观”的设计目标，一直致力于如何在有限的基地范围内去创造最佳的外部空间环境。

总体定位和综合的建筑价值观使得设计重点在满足使用者功能需求的同时，也致力于汲取所在地的传统与文脉之精髓，并努力将建筑纳入地域与环境肌理。这样的整体环境观也正在为建设一个可持续发展的和谐社会做着贡献。

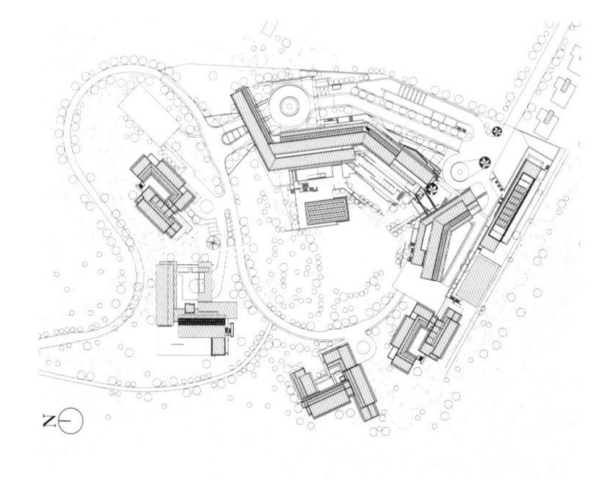

建设单位：中联部驻港办
用途：培训、办公
设计/竣工年份：2008 / 2010
项目进展阶段：完成
建设地点：深圳市南山区丽紫路1号
总建筑面积：37680m^2
用地面积：42829m^2
客房数：248
主体建筑结构形式：框架
主要外装修材料：挤压型水泥墙板、经济木树脂复合板、劈裂石材

Client: Hong Kong Office of the International Liaison Department of CCCPC
Purpose: training, office
Design / Completion year: 2008 / 2010
Project phase: completed
Location: No. 1 Lizi Road, Nanshan District, Shenzhen, Guangdong Province
Total floor area: 37,680 m^2
Land area: 42,829 m^2
Number of guestrooms: 248
Main structure: frame
Main exterior decoration materials: extrusion type cement wall panel, economic wood resin composite panel, splitting stone

1 全景
2 总平面示意

3 庭院
4 回廊
5 风貌
6 建筑局部

酒店建筑

北京会议中心八号楼

Number8 Building of Beijing Conference Centre

项目处于整个北京会议中心的中部，位置重要，周边环境优美。建筑空间形态借鉴北方特色的四合院建筑空间形式，总体形态以东西向为主轴线，各功能空间采用围合形式，沿主轴线对称展开，形成入口门楼、中央金色大厅、室外庭院和小庭院、下沉庭院等丰富的空间序列。建筑群体与四周绿化、水系环境相融合，营造出富于地方特色的建筑空间环境。

东面主入口为门楼式建筑风格，石材的厚重基座和大屋顶为基本建筑组合。大屋面采用深灰色陶土瓦，配以深灰色铝合金屋脊、檐口与吊顶，屋顶出檐深远。建筑墙面以浅灰色石材为主，局部配以玻璃、金属、木材相结合。建筑体量感硬朗大气，彰显中式古典建筑的神韵和现代建筑的风范。

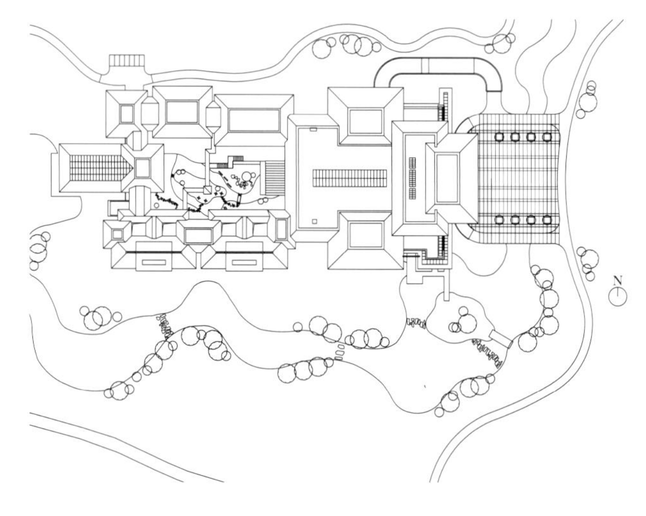

建设单位：北京会议中心
用途：酒店、会议
设计/竣工年份：2010 / 2012
建设地点：北京市北五环
总建筑面积：28513.5m^2
客房数：54
主体建筑结构形式：框架结构
主要外装修材料：石材、金属铝板、陶板、玻璃

Client: Beijing Conference Centre
Purpose: hotel, conference
Design / Completion year: 2010 / 2012
Location: North 5th Ring Road, Beijing
Total floor area: 28,513.5 m^2
Number of guestrooms: 54
Main structure: frame structure
Main exterior decoration materials: stone, metal aluminum panel, terra-cotta panel, glass

1 建筑与水景
2 总平面示意

3 庭院水景
4 黄昏景观
5 庭院夜景
6 庭院俯视

上海华敏世纪索菲特大酒店

Sofitel Shanghai Jing'an Huamin Hotel

上海华敏世纪索菲特大酒店（现名瑞吉酒店）位于静安区，与恒隆广场、凯迪克大厦、政协大厦、银发大厦等共同组成新的城市天际线。主要功能包括由办公、酒店组成的60层主体塔楼，以及由餐饮、入口门厅组成的4层裙楼。塔楼第一至三层、第二十九至五十七层为五星级酒店，第四至二十八层为办公区。

立面造型以竖向线条为主，简洁精细。建筑外观以香槟色铝板竖向分隔与淡绿色玻璃相间交错，基座部分选用与铝板颜色相应的石材，以增加建筑的庄重感。竖向线条在顶部处理层层收进，配以竖向金属构件，在阳光下闪闪发光，加强了建筑的整体效果，淡化了顶部的体量感，使整个立面的处理与周围的商业气质相吻合，并具有一定的现代感及标志性。

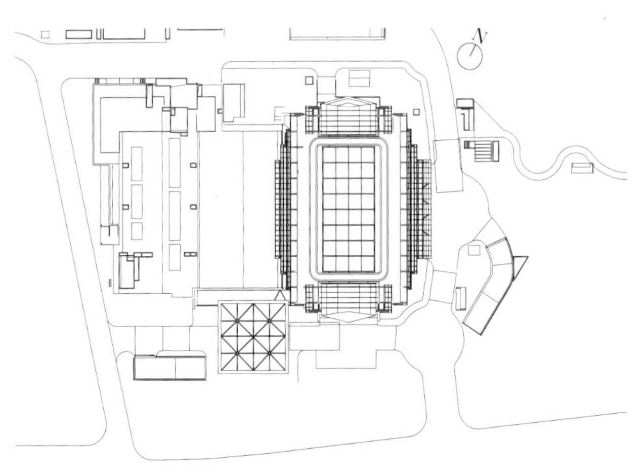

建设单位：上海华昱房地产开发有限公司
用途：酒店、办公
设计/竣工年份：2005/2013
项目进展阶段：完成
建设地点：上海市静安区北京西路958号
总建筑面积：181283m^2
用地面积：26882m^2
客房数：515
主体建筑结构形式：钢管混凝土框架—钢筋混凝土筒体
主要外装修材料：石材、玻璃及铝板综合

Client: Shanghai Huayu Property Development Co., Ltd.
Purpose: hotel, office building
Design / completion year: 2005/2013
Project phase: completed
Location: No. 958, Beijing West Road, Jing'an District, Shanghai
Total floor area: 181,283 m^2
Land area: 26,882 m^2
Number of guestrooms: 515
Main building structure: reinforced concrete frame-reinforced concrete core
Main exterior decoration materials: stone, glass & aluminium panel

2 | 1 | 3

1 街景
2 总平面示意
3 全景

酒店建筑

上海衡山路十二号华邑酒店

HUALUXE at No.12, Hengshan Road in Shanghai

本项目位于上海衡山路—复兴路历史风貌区，从空间着手，通过一系列具有创意的设计手法，例如将由法国梧桐组成的“绿色核心”与其下部泳池区域的顶部空间结合在一起考虑，既满足了功能上的需求，又丰富了空间造型，与风貌区周边环境融为一体，同时体现了建筑的时代感。

首层为酒店大堂及商业等。二层及以上楼层，由于使用功能的空间要求，错层设计。沿衡山路一侧为会议及餐饮等公共区域，客房区域位于相对安静的基地内侧，并围绕内庭周边布局。

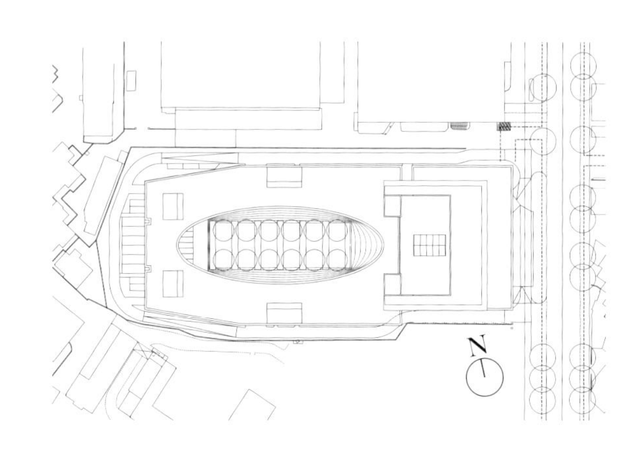

建设单位：上海至尊衡山酒店投资有限公司
合作设计单位：Mario Botta建筑师设计事务所
合作设计单位承担角色：建筑方案设计
用途：酒店建筑
设计年份：2009
项目进展阶段：完成
建设地点：上海市徐汇区衡山路12号
总建筑面积：51094m^2
用地面积：10802.8m^2
客房数：171
主体建筑结构形式：钢结构
主要外装修材料：玻璃幕墙、陶板幕墙

Client: Shanghai Zhizun Hengshan Hotel Investment Co., Ltd.
Design partner: Mario Botta Architetti
Design partner's role: architectural schematic design
Purpose: hotel
Design year: 2009
Project phase: completed
Location: No.12, Hengshan Road, Xuhui District, Shanghai
Total floor area: 51,094 m^2
Land area: 10,802.8 m^2
Number of guestrooms: 171
Main building structure: steel structure
Main exterior decoration materials: glass curtain wall, terra-cotta curtain wall

1 内庭院俯视
2 总平面示意

3 衡山路主入口
4 内庭院景观
5 室内内庭

酒店建筑

国家会展中心上海洲际酒店

Intercontinental Shanghai Hongqiao NECC

项目作为洲际品牌五星级商务旗舰店，位于“四叶草”西南翼，主入口面向城市干道并与展馆及商业中心紧密相连，功能上既服务于会展，又能独立运营。建筑地上10层地下1层，共588个自然间，如此规模与标准的酒店设于场馆内部也是一大创举，力求晚间留住人气并缓解进出场馆的交通流量。

整个设计紧扣建筑主题，飘逸的外部形态延续了自然灵动的内涵与表象，弧形的内部空间契合了舒展流畅的平面构图，营造出开阔敞亮的视觉环境，也化解了建筑庞大的体量。标志性的建筑元素和色调，在标识、铺装、壁挂、陈设甚至灯饰等各个场所和部位表现得淋漓尽致，富有极强的识别特征。

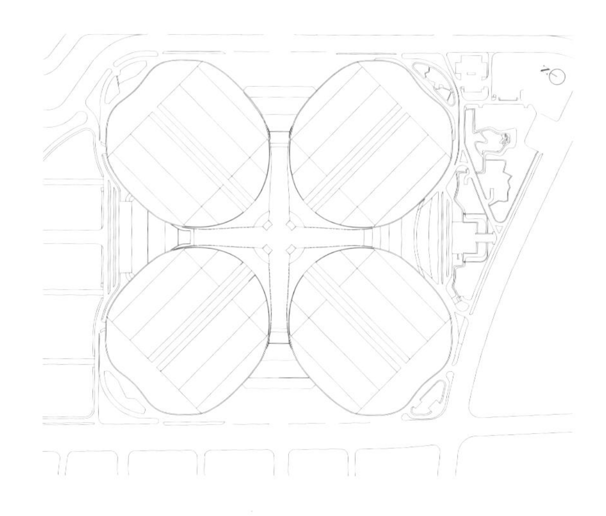

建设单位：国家会展中心（上海）有限责任公司
合作设计单位：清华大学建筑设计研究院有限公司、HBA联合设计顾问公司
合作设计单位承担角色：设计联合体、室内方案与初步设计
用途：旅馆建筑
设计/竣工年份：2013/2016
项目进展阶段：完成
建设地点：上海市青浦区诸光路1700号
总建筑面积：87175m^2
用地面积：约20000m^2
主体建筑结构形式：钢筋混凝土框架—剪力墙结构
主要外装修材料：玻璃、金属与石材幕墙

Client: National Exhibition and Convention Center (Shanghai)
Design partner: THAD & HBA
Design partner's roles: design consortium, interior design
Purpose: hotel building
Design/ Completion year: 2013/2016
Project phase: completed
Location: No. 1700 Zhuguang Road, Shanghai
Total floor area: 87,175 m^2
Land area: about 20,000 m^2
Main building structure: reinforced concrete frame-shear wall structure
Main exterior decoration materials: glass, metal, stone curtain wall

1 建筑外景
2 总平面示意

3 多功能厅
4 全日制餐厅
5 公共空间

昆明索菲特大酒店

Sofitel Kunming

昆明索菲特大酒店是一幢集高档办公楼和现代化五星级酒店及附属配套设施等多功能于一体的综合性建筑。本设计以实用、经济、节约为原则，以“高标准、高起点、高智能”为设计目标。建成后成为昆明地区当时最高的建筑，具有划时代的历史意义，同时也是昆钢国有大企业的形象代表、昆钢企业文化的精髓体现、昆钢全体职工的精神寄托。

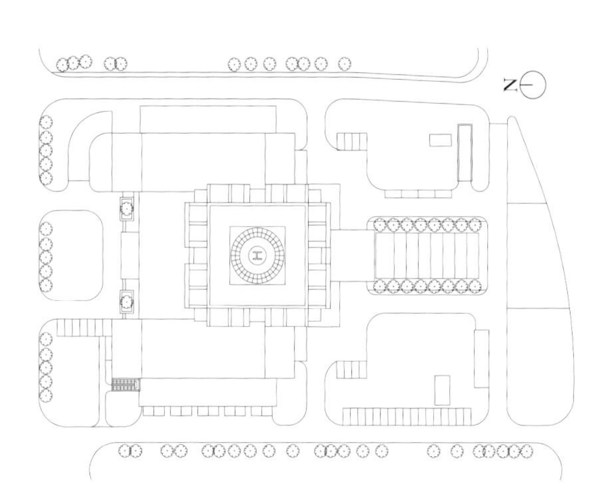

1 建筑立面
2 总平面示意

建设单位：昆明钢铁控股有限公司
用途：五星级酒店及办公综合体
设计/竣工年份：2007/2015
项目进展阶段：完成
建设地点：云南省昆明市西昌路33号地块
总建筑面积：148629m^2
用地面积：19968.31m^2
客房数：400（其中有42间套房）
主体建筑结构形式：主楼为钢管混凝土框架—钢筋混凝土核心筒，裙楼为钢筋混凝土剪力墙结构
主要外装修材料：石材、玻璃幕墙及金属装饰构件

Client: Kunming Iron & Steel Holding Co., Ltd.
Purpose: 5-star hotel and office building complex
Design / Completion year: 2007/2015
Project phase: completed
Location: No. 33 Block, Xichang Road, Kunming, Yunnan Province
Total floor area: 148,629 m^2
Land area: 19,968.31 m^2
Number of guestrooms: 400 (including 42 suites)
Main building structure: steel pipe concrete frame-reinforced concrete core tube; reinforced concrete shear wall system for podium
Main exterior decoration materials: stone, glass curtain wall and metal decoration components

3 公共空间
4 客房
5 建筑立面
6 全景

南昌绿地华邑酒店

Nanchang Greenland HUALUXE

项目包括56层250m高的塔楼和5层裙楼。建筑体量呈精致的几何形，塔楼形体设计与建筑功能相结合。塔楼上部体量内切，面向正西方，占据了塔楼高度的三分之一，既满足了酒店客房布置的需求，又形成了极具视觉冲击力的“城市之窗”效果。

塔楼外立面设计了以三角形元素为母题的遮阳肋，形成独特的肌理并减少太阳辐射热。除了遮阳板外，还运用了其他节能设计，如低放射率玻璃、太阳能热水管及太阳能采电板，确保提供一个性能更佳的建筑。

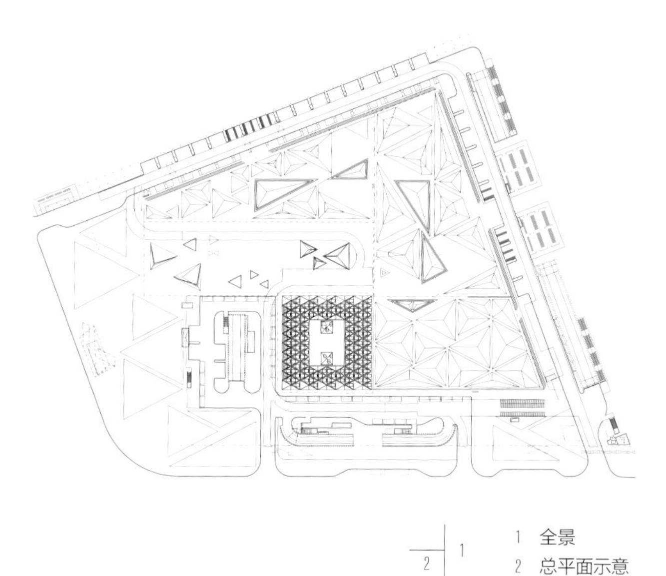

1 全景
2 总平面示意

建设单位：南昌绿地申新置业有限公司
合作设计单位：美国SOM设计公司
合作设计单位承担角色：方案、初步设计
用途：超高层综合体
设计/竣工年份：2010/2015
项目进展阶段：完成
建设地点：江西南昌高新区
总建筑面积：209507m^2
用地面积：40022m^2
主体建筑结构形式：钢筋混凝土框架—核心筒结构
主要外装修材料：带遮阳格栅的玻璃幕墙（塔楼）；铝合金幕墙（裙楼）

Client: Nanchang Greenland Shenxin Property Co., Ltd.
Design partner: Skidmore, Owings & Merrill LLP
Design partner's role: schematic design/development design
Purpose: super high-rise complex
Design / Completion year: 2010/2015
Project phase: completed
Location: High-Tech Industrial Park, Nanchang, Jiangxi Province
Total floor area: 209,507 m^2
Land area: 40,022 m^2
Main building structure: reinforced concrete frame-core wall structure
Main exterior decoration materials: glass curtain wall with sunshade lattice fan (tower); aluminum curtain walls (podium)

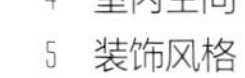

3 餐饮空间
4 室内空间
5 装饰风格

上海养云安缦酒店

Amanyangyun

项目临近上海的马桥古文化遗址，是由老宅原貌移建改良设计的国际精品度假酒店。

设计包括一座院落式酒店和44个院落，其中18个为新建院落，26个为老宅院落。为突显传统空间氛围特质，设计整体采用单层高密度策略，所有建筑以地上一层体量组合出传统院落空间。庭院内结合景观水池，香樟树与其他植物搭配种植，营造出传统园林的景观意象，彰显传统的文人情怀。

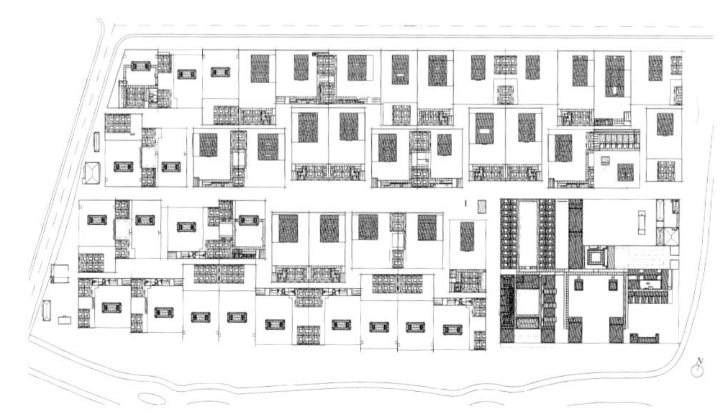

建设单位：上海古胤置业有限公司
合作设计单位：Kerry Hill Architects Pte Ltd
合作设计单位承担角色：方案设计
用途：酒店建筑
设计/竣工年份：2013/2017
项目进展阶段：完成
建设地点：上海市闵行区马桥镇
总建筑面积：99114m^2
用地面积：195761.6m^2
客房数：76
主体建筑结构形式：框架结构（新建部分）及复建木结构（复建部分）
主要外装修材料：灰色石材、木色铝型材、钛锌板

Client: Shanghai Guyin Real Estate Co., Ltd.
Design partner: Kerry Hill Architects Pte. Ltd.
Design partner's role: plan design
Purpose: hotel
Design / Completion year: 2013/2017
Project phase: completed
Location: Maqiao Town, Minhang District, Shanghai
Total floor area: 99,114 m^2
Land area: 195,761. 6 m^2
Number of guestrooms: 76
Main building structure: frame structure (new part), wood structure (rebuilt part)
Main exterior decoration materials: grey stone, wood colour aluminium profile, titanium zinc plate

1 庭院
2 总平面示意

3 回廊
4 鸟瞰
5 园区风貌

酒店建筑

上海外滩W酒店
（北外滩白玉兰广场）

W Shanghai - The Bund (North Bund White Magnolia Plaza)

上海白玉兰广场项目地处虹口区北外滩沿黄浦江地区，是一个由五星级酒店、高智能化甲级办公楼和复合型商业组成的超大规模、超高层建筑群。西塔楼酒店提供393套客房和辅助服务设施，包括游泳池、宴会厅和会议室、水疗中心、健身中心和特色餐厅等。本项目的意象源自上海市花白玉兰，浦江交汇，玉兰绽放。

1 大厅
2 总平面示意

建设单位：上海金港北外滩置业有限公司
合作设计单位：SOM建筑设计事务所
合作设计单位承担角色：方案及初步设计
用途：酒店
设计/竣工年份：2006/2016
项目进展阶段：完成
建设地点：上海市虹口区
总建筑面积：85000m^2
用地面积：57000m^2
客房数：393
主体建筑结构形式：核心筒剪力墙及钢结构
主要外装修材料：幕墙

Client: Shanghai Jingang North Bund Real Estate Co., Ltd.
Design partner: Skidmore, Owings & Merrill LLP
Design partner's role: schematic and preliminary design
Purpose: hotel
Design / Completion year: 2006/2016
Project phase: completed
Location: Hongkou District, Shanghai
Total floor area: 85,000 m^2
Land area: 57,000 m^2
Number of guestrooms: 393
Main building structure: core tube shear wall and steel structure
Main exterior decoration material: curtain wall

3 餐饮空间
4 客房
5 室外空间
6 鸟瞰

酒店建筑

广西荔园饭店

Guangxi Liyuan Hotel

荔园饭店既具有广西民族传统建筑聚落特征，又是面向整个南亚地区的现代风格建筑。同时，与山庄功能互补协调，是具有园林式优雅空间环境的城市会议型酒店。

荔园饭店单体之间呈现出统一性，与整个荔园山庄的建筑在体量上和风格上又和谐共生。从南宁大桥及江对岸的五象新区望去，建筑有较为完整的界面，体量重叠而富有层次。从近处看，单元式的组团布局由于建筑体量被分解，尺度与山庄内部建筑的尺度较为和谐。

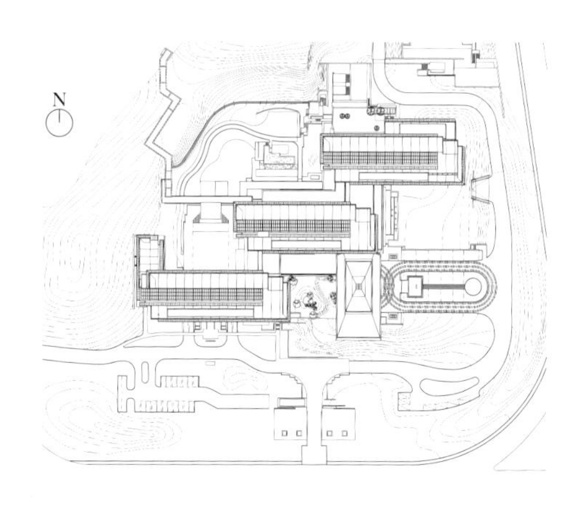

建设单位：广西荔园饭店投资有限公司
用途：酒店
设计/竣工年份：2013/2017
项目进展阶段：完成
建设地点：广西南宁市青秀区青山路
总建筑面积：65000m^2
用地面积：36184.9m^2
客房数：350
主体建筑结构形式：框架
主要外装修材料：外墙面砖、uhpc、石材

Client: Guangxi Liyuan Hotel Investment Co., Ltd.
Purpose: hotel
Design / Completion year: 2013/2017
Project phase: completed
Location: Qingshan Road, Qingxiu District, Nanning, Guangxi Zhuang Autonomous Region
Total floor area: 65,000 m^2
Land area: 36,184.9 m^2
Number of guestrooms: 350
Main building structure: frame
Main exterior decoration materials: facing tiles, uhpc, stones

1 鸟瞰
2 总平面示意

3 建筑外观
4 庭院建筑
5 园区景观
6 建筑风貌

酒店建筑

上海“松江辰花路二号地块”深坑酒店

Intercontinental Shanghai Wonderland

本工程选址特殊，利用原天马山采石坑的独特地形地貌，依崖建造，功能为五星级酒店。酒店形式源于“瀑布”“空中花园”“自然崖壁”和“山”。以主体建筑为中心，向西以尽可能舒展的曲线吸纳横山与坑崖的独特景观。东、南、北方向上利用自然山坡的造型与体验中心、城市景观和别墅区域形成对话，创造出一个从基地生长出的建筑。立面风格以流线关系为主导，强调立面的细腻和与周边自然环境的协调。

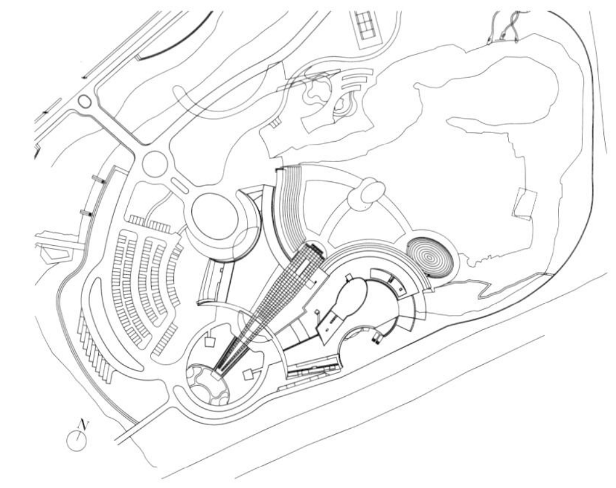

1 建筑局部
2 总平面示意

建设单位：上海世茂新体验置业有限公司
合作设计单位名称：阿特金斯建筑设计有限公司、JADE+QA
合作设计单位承担角色：建筑方案设计
用途：酒店建筑
设计/竣工年份：2006/2018
项目进展阶段：完成
建设地点：上海市松江区辰花路5888弄
总建筑面积：61087m^2
用地面积：105350m^2
客房数：364
主体建筑结构形式：酒店主体结构采用钢框架—支撑结构体系，框架柱采用钢管混凝土柱
主要外装修材料：玻璃幕墙、涂料

Client: Shanghai Shimao New Experience Real Estate Co., Ltd.
Design partners: Atkins Architectural Design Co., Ltd., JADE+QA
Design partners' role: architectural design
Purpose: hotel
Design / Completion year: 2006/2018
Project phase: completed
Location: Lane 5888, Chenhua Road, Songjiang District, Shanghai
Total floor area: 61,087 m^2
Land area: 105,350 m^2
Number of rooms: 364
Main building structure: The main structure of the hotel uses steel frame-support structure system, and the frame column uses concrete-filled steel tube column
Main exterior decoration materials: glass curtain wall, paint

3 建筑外观
4 景观局部
5 大厅
6 建筑风貌

酒店建筑

上海JW万豪侯爵酒店

JW Marriott Marquis Hotel Shanghai Pudong

项目是万豪集团全球第三家、中国第一家的侯爵品牌，位于浦东滨江核心区中段，充分利用黄浦江江景资源而营造全新的嘉宾体验。

60m高的入口大堂A形中庭向黄浦江江景开敞，形成滨江公园开放空间的对景。沿江A形的立面几何体，定义并强化了轴线性，形成入口广场、酒店大堂、滨江公园和游艇码头的公共空间序列。最大的宴会厅约1600m^2，可同时容纳800人。塔楼采用单廊双面客房设计，核心筒沿东侧布置使临江客房数量最大化。简洁大气的折板幕墙使建筑在繁杂的城市肌理中具有个性彰显的标志性。

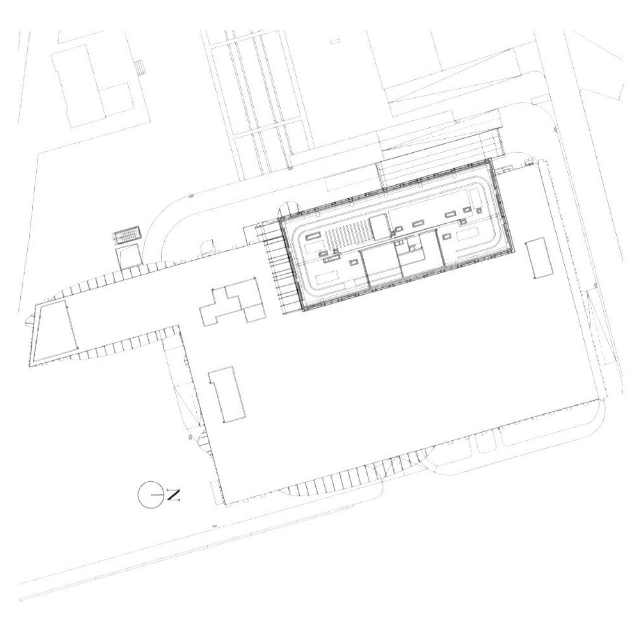

1 浦东沿江绿地视角
2 总平面示意

建设单位：上海申电投资有限公司
合作设计单位：SOM
合作设计单位承担角色：方案、总体设计
用途：酒店建筑
设计/竣工年份：2014/2019
项目进展阶段：完成
建设地点：上海市浦东新区浦明路988号
总建筑面积：113875m^2
用地面积：11788.7m^2
客房数：515
主体建筑结构形式：框架剪力墙
主要外装修材料：玻璃及铝板幕墙

Client: Shanghai Shendian Investment Co., Ltd.
Design partner: SOM
Design partner's role: plan, overall design
Purpose: hotel building
Design / Completion year: 2014 / 2019
Project phase: completed
Location: No. 988, Puming Road, Pudong New Area, Shanghai
Total floor area: 113,875 m^2
Land area: 11,788.7 m^2
Number of guestrooms: 515
Main building structure: frame shear wall
Main exterior decoration materials: glass and aluminium curtain wall

3 浦西沿江视角
4 中庭沿江立面
5 前厅
6 中庭内景

无锡灵山耿湾会议酒店和会议中心（拈花湾波罗蜜多酒店）

Wuxi Ling Mountain Gengwan Conference Hotel and Conference Centre

项目地处山湾，背依山谷，面朝太湖，建筑顺应环境而生，规划以“以禅为主题”的定位，重点吸引旅游度假人群。

建筑群由酒店客房区和会议区群体建筑共同构成。整个建筑群的立面设计大气、朴素而不失现代感，酒店主楼的立面以玻璃、泥巴墙为主体材料，通过竖向线条和退台内收的天际线变化塑造了独一无二的建筑形象。会议中心的立面则以单元式的设计结合金属材质的运用，形成独特的立面观感；在立面通风竖井中采用了石材百叶作为主要材质，与基地建筑外观达成和谐的统一。

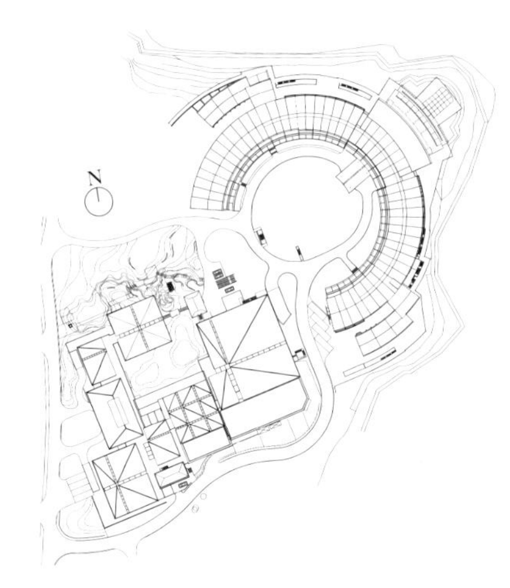

建设单位：无锡灵山耿湾文化投资发展有限公司
合作设计单位：艾麦欧（上海）建筑设计咨询有限公司
合作设计单位承担角色：方案设计、建筑专业初步设计
用途：酒店
设计/竣工年份：2013/2015
项目进展阶段：完成
建设地点：江苏省无锡市灵山旅游度假区
总建筑面积：80181.87m^2
用地面积：44598.71m^2
客房数：399
主体建筑结构形式：框架结构
主要外装修材料：石材、面砖、GRC

Client: Wuxi Ling Mountain Gengwan Investment Development Co., Ltd.
Design partner: M.A.O.
Design partner's roles: plan design, preliminary design of architecture
Purpose: hotel
Design / completion year: 2013/2015
Project phase: completed
Location: Ling Mountain Tourism Resort, Wuxi, Jiangsu Province
Total floor area: 80,181.87 m^2
Land area: 44,598.71 m^2
Number of guestrooms: 399
Main building structure: frame
Main exterior decoration materials: stone, tile, GRC

1 鸟瞰
2 总平面示意

3 大堂
4 餐饮空间
5 庭院

上海虹桥机场T1航站楼配套酒店

Hongqiao Airport T1 Supporting Business Project

上海虹桥机场T1航站楼配套酒店为我院原创设计的五星希尔顿酒店作品，是虹桥机场东片区改造实现“脱胎换骨”目标、打造精品航站区的核心项目之一，位于虹桥机场T1航站区内，西侧紧邻T1航站楼出发大厅。

设计秉承“一体化航站楼”的设计理念，在形式的塑造上考虑与航站楼和谐共生，采用“如意”的设计概念，体量延续了T1航站楼水平伸展的形体走势，在转角通过弧面过渡到塔楼部分，作为整个形体的收头，打造由高架方向进入航站区的视觉“第一眼”。在功能和空间方面，作为航站楼的延伸与拓展，提供了住宿、餐饮、宴会、商务等多样的配套支持，营造了舒适的旅客体验，全面提升了T1航站区的服务品质。

建设单位：上海机场（集团）有限公司
用途：酒店
设计年份：2017
项目进展阶段：在建
建设地点：上海市长宁区空港八路55号
总建筑面积：46846.35m^2
用地面积：9102.97m^2
高度：43m
层数：9
主体建筑结构形式：地上为钢框架支撑结构，地下室为钢筋混凝土框架结构
主要外装修材料：玻璃幕墙+金属铝板

Client: Shanghai Airport (Group) Co., Ltd.
Purpose: hotel
Design year: 2017
Project phase: under construction
Location: No.55, Konggang Eighth Road, Changning District, Shanghai
Total floor area: 46,846.35 m^2
Land area: 9,102.97 m^2
Height: 43 m
Number of floors: 9
Main building structure: steel frame structure (above ground), reinforced concrete frame structure (underground)
Main exterior decoration materials: glass curtain wall + aluminum panel

1 主入口外观
2 总平面示意

3 高架外观
4 鸟瞰

云南悦景庄 · 西双版纳项目东区一期

The Viva Villa of Xishuangbanna

基地规划为低密度国际休闲度假旅游区。项目为度假型酒店，由伴山生态客房、商业街和公共服务设施等组成。

规划区域内地形起伏较大，建筑设计在保留原地貌特征的基础上，充分运用绿色建筑的设计理念，营建“七分雨林三分墅”的低能耗环保型住区。客房庭院底层架空，营造出垂直花园般的灰空间。各个单体均顺应山势走向布置在较高处，错落有致，展现出一个立体的“山、林、水”的建筑群。建筑物立面选择“地域主义”风格，融入西双版纳地域关系中独有的傣味风情。

建设单位：云南景和置业有限公司
合作设计单位：上海骏地建筑设计事务所股份有限公司（JWDA）
合作设计单位承担角色：方案设计
用途：公共建筑
设计/竣工年份：2013/2017
项目进展阶段：完成
建设地点：云南省西双版纳景洪市
总建筑面积：147000m^2
用地面积：340000m^2
主体建筑结构形式：框架结构
主要外装修材料：碳化木、涂料

Client: Yunnan Jinghe Real Estate Co., Ltd.
Design partner: Shanghai JUND Architects Co., Ltd. (JWDA)
Design partner's role: architectural scheme design
Purpose: public building
Design/Completion year: 2013/2017
Project phase: completed
Location: Jinghong, Xishuangbanna, Yunnan Province
Total floor area: 147,000 m^2
Land area: 340,000 m^2
Main building structure: frame structure
Main exterior decoration materials: carbonized wood, paint

1 酒店大堂及泳池
2 总平面示意

3 电梯厅
4 电梯厅夜景
5 客房单体群
6 酒店大堂内部
7 客房与庭院

酒店建筑

全国总工会伊春回龙湾职工修养中心

China Federation of Trade Unions Staff Training Center of Huilongwan, Yichun

项目由全国总工会投资，设有279间客房，是伊春首个按五星级标准设计的集商务会议、疗养、住宿、餐饮、健身娱乐于一体的森林生态疗休养度假酒店。

总体布局以山水为依托，通过化整为零被拆分成2~4层的坡屋顶建筑，“谦卑”地隐匿于山体和红松的树冠高度之下。客房楼沿西南回龙湾景观面舒展，大堂和公共部分向东北高起，并与客房楼连成闭环围合出尺度适宜的内院。

造型设计着眼于微地形，依据原始地形标高“自然生长”，逐层跌落或爬升，通过体块组合串联成整体。立面风格始终坚持地域特色和民族风格，塑造时代经典，见证自然之美。

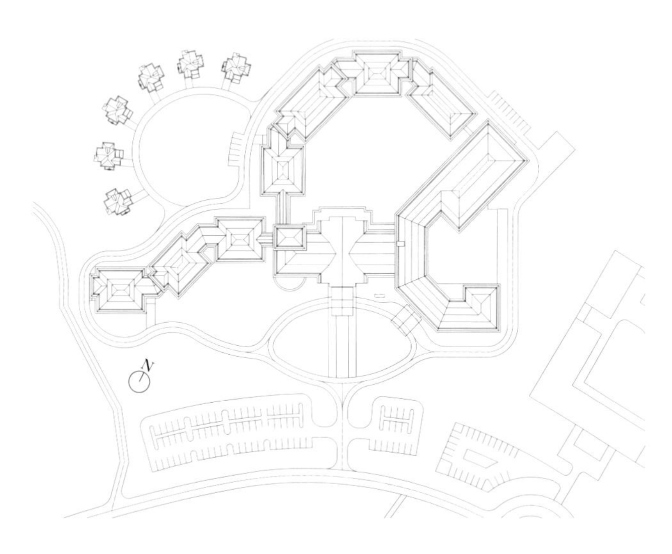

建设单位：伊春市美溪区人民政府
用途：度假酒店
设计/竣工年份：2011/2017
项目进展阶段：完成
建设地点：黑龙江省伊春市回龙湾国家森林公园内
总建筑面积：36289.8m^2
用地面积：69637m^2
主体建筑结构形式：砖混结构+框架结构

Client: Meixi District Government, Yichun
Purpose: resort hotel
Design / Completion year: 2011/2017
Project phase: completed
Location: Huilongwan National Forest Park, Yichun, Heilongjiang Province
Total floor area: 36,289.8 m^2
Land area: 69,637 m^2
Main building structure: brick concrete structure + frame structure

1 入口庭院
2 总平面示意

3 建筑风貌
4 鸟瞰

普陀山观音法界一期工程

Mount Putuo Guanyin Dharmadhatu (Phase I)

观音法界工程位于舟山市普陀区朱家尖。观音圣坛是观音法界的标志建筑，主体为“一主两从”建筑群。善财、龙女侍立两侧，为对称辅楼。圣坛广场约40000m^2，可举行大规模佛教法会，也可用于国际会议开闭幕式等重大仪式。

居士学院采用较为自由的布局形式，各单体散落布置在景观绿化之中。立面风格采用现代建筑与当地民居形式相结合，力求质朴而简洁的效果。

正法讲寺位于整个规划区域的西南侧，为我国最大汉传佛教女众禅林学院。建筑布局坐北朝南，沿袭古代寺院的“七堂之制”和宫殿建筑的“门堂之制”，为廊院式围合院落结合宫殿式纵深布局。建筑风格与现代弘法的功能结合，营造庄严肃穆的宗教气氛。

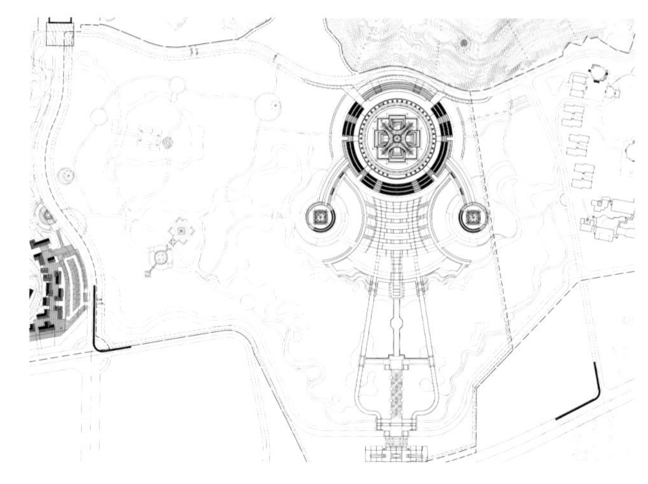

建设单位：普陀山佛教协会
用途：文化、宗教
设计年份：2014—2018
项目进展阶段：建成
建设地点：浙江省舟山市朱家尖岛
总建筑面积：65719m^2（观音圣坛）、53146m^2（居士学院）、102051m^2（正法讲寺）
用地面积：154351.2m^2（观音圣坛）、135428m^2（居士学院）、222792m^2（正法讲寺）
主体建筑结构形式：框架结构
主要外装修材料：石材幕墙、钣金工艺；干挂人造板材、热转印木纹铝板、陶土瓦；菠萝格、杉木

Client: Putuoshan Buddhist Association
Purpose: culture, religion
Design year: 2014-2018
Project phase: completed
Location: Zhujiajian Island, Zhoushan, Zhejiang Province
Total floor area: 65,719 m^2 (Guanyin Altar), 53,146 m^2 (Village for Lay Buddhists), 102,051 m^2 (Lecture Hall of the Universal Truth)
Land area: 154,351.2 m^2 (Guanyin Altar), 135,428 m^2 (Village for Lay Buddhists), 222,792 m^2 (Lecture Hall of the Universal Truth)
Main building structure: frame structure
Main exterior decoration materials: stone curtain wall, sheet metal craft; dry hanging artificial board, heat transfer wood-pattern aluminum board, clay tile; merbau, fir

1
2

1 观音圣坛全景
2 观音圣坛总平面示意

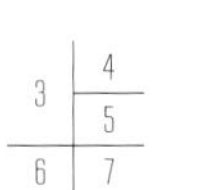

3 观音圣坛夜景
4 正法讲寺风貌
5 正法讲寺鸟瞰
6 居士学院庭院
7 居士学院风貌

无锡灵山胜境工程（三期）——梵宫

Phase III of Lingshan Scenic Spot - Buddhist Palace

梵宫建筑是灵山景区三期工程的主体建筑，位于大佛所在的一期、二期工程的东侧。建筑功能由圣坛（佛教表演剧场）、会议区、餐饮区以及廊厅和进厅构成。本工程作为世界佛教论坛的永久论坛，为来自世界各地的1500名的会议代表提供会议、餐饮、交流的场所。

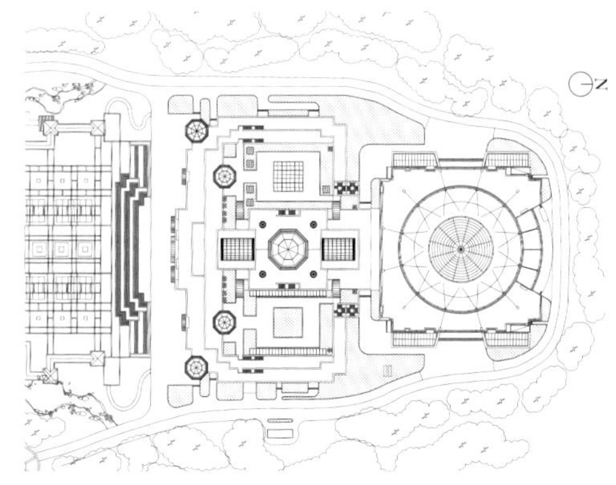

1 整体风貌
2 总平面示意

建设单位：无锡灵山文化旅游集团有限公司
用途：宗教、观演、餐饮、会议
设计/竣工年份：2005/2008
项目进展阶段：完成
建设地点：江苏省无锡市马山镇
总建筑面积：72000m^2
用地面积：144200m^2
主体建筑结构形式：钢筋混凝土
主要外装修材料：石材、金属

Client: Wuxi Lingshan Cultural Tourism Group
Purpose: religion, performing arts, catering, conference
Design/Completion year: 2005/2008
Project phase: completed
Location: Mashan Town, Wuxi, Jiangsu Province
Total floor area: 72,000 m^2
land area: 144, 200 m^2
Main building structure: reinforced concrete
Main exterior decoration materials: stone, metal

3 梵宫廊厅
4 梵宫妙音堂
5 梵宫全景

文旅与特色小镇

南京牛首山文化旅游区（一期）

Nanjing Niushou Mountain Cultural Tourism Zone Phase I

佛顶宫是地上4层、地下6层的深坑建筑。大穹顶长度为250m，形如佛祖袈裟，呼应牛首东峰，又覆盖地宫小穹顶，象征佛祖无量加持。小穹顶犹如佛祖发髻，单个为双手合十造型，寓意千万信众对佛祖的供养。地下层为舍利大殿和舍利藏宫，舍利藏宫位于地下44m，佛顶骨舍利长期供奉在藏宫大殿内。长廊66m，根据六波罗蜜供养内涵布局。

佛顶寺为汉唐建筑风格，坐北朝南，采用“上尊而宇卑，则吐水疾而溜远”的曲线屋面。主轴主殿为重檐歇山，两边配殿为单檐悬山，东南与西南角钟楼和鼓楼为重檐攒尖。

佛顶塔为牛首山大遗址公园的核心。外檐起翘平缓，出檐深远，再现大唐古朴雍容和庄重雄奇。声光电技术和新材料、新设备体现出现代技术的新辉煌。

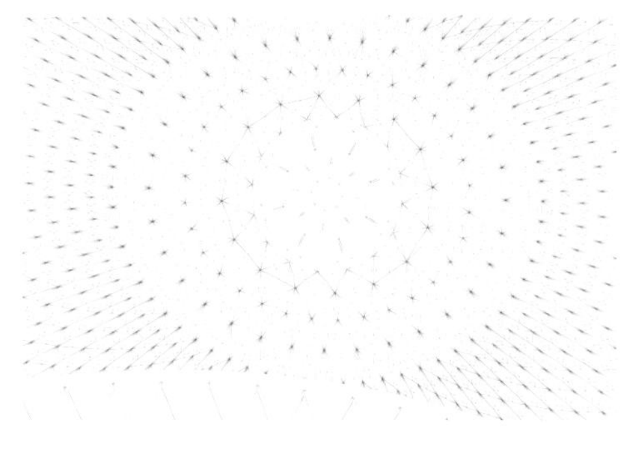

1 园区景观
2 佛顶宫屋面纹样局部

建设单位：南京牛首山文化旅游发展有限公司
用途：宗教文化
设计/竣工年份：2012/2015
项目进展阶段：完成
建设地点：江苏省南京市江宁区牛首山核心区域
总建筑面积：121708m^2（佛顶宫）、10549m^2（佛顶寺）、5065m^2（佛顶塔）
用地面积：59215m^2（佛顶宫）、23731m^2（佛顶寺）、21736m^2（佛顶塔）
高度：56.8m/45.3m（佛顶宫）、13.67m（佛顶寺）、66.5m（佛顶塔）
层数：4F/B6F（佛顶宫）、2F/B2F（佛顶寺）、9F/B1F（佛顶塔）
主体建筑结构形式：混凝土框一剪结构、钢结构、铝合金结构
主要外装修材料：铝合金、玻璃幕墙、GRC、石材、菠萝格木材

Client: Nanjing Niushou Mountain Culture Tourism Development Co., Ltd.
Purpose: religion and culture
Design / Completion year:2012/2015
Project phase: completed
Location: Core area of Niushou Mountain, Jiangning District, Nanjing, Jiangsu Province
Total floor area: 121,708 m^2 (Top Buddha Palace); 105,49 m^2 (Top Buddha Temple); 5,065 m^2 (Top Buddha Tower)
Land area: 59,215 m^2 (Top Buddha Palace); 23,731 m^2 (Top Buddha Temple); 21,736 m^2 (Top Buddha Tower)
Height: 56.8 m/45.3 m (Top Buddha Palace); 13.67 m (Top Buddha Temple); 66.5 m (Top Buddha Tower)
Number of floors: 4F/B6f (Top Buddha Palace), 2F/B2F (Top Buddha Temple), 9F/B1F (Top Buddha Tower)
Main building structure: concrete frame-shear structure, steel structure, aluminium alloy structure
Main exterior decoration materials: aluminum alloy, glass curtain wall, GRC, stone, pineapple lattice wood

3 | 4
5

3　佛顶宫外观
4　入口景观
5　牛首山风貌

文旅与特色小镇

尼山圣境儒宫

Ni Mountain Holy Land Palace

尼山圣境宫像区位于山东省曲阜尼山地区，为尼山圣境文化旅游度假区的核心景区，由孔子像、尼山儒宫及诸子百家堂三部分组成。整个宫像区布局为中轴线末端布置孔子像，中轴线东侧为尼山儒宫，中轴线西侧为诸子百家堂。尼山儒宫主体建筑依山而建，成为尼山文化旅游度假区宫像区的标志建筑。

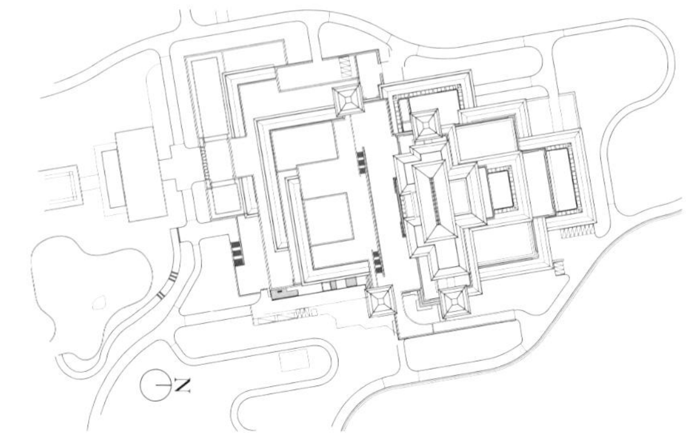

1 全景
2 总平面示意

建设单位：曲阜尼山文化旅游投资发展有限公司
合作设计单位：上海圆直建筑设计事务所有限公司
用途：文化旅游
设计年份：2012
项目进展阶段：完成
建设地点：山东省曲阜市尼山核心区
总建筑面积：66592m^2
用地面积：506000m^2
高度：49.3m
层数：8F/B1F
主体建筑结构形式：框架剪力墙
主要外装修材料：铝型材、玻璃幕墙、石材、黏土瓦

Client: Qufu Ni Mountain Cultural Tourism Investment Development Co., Ltd.
Design partner: Shanghai OI Architects Ltd. (architecture)
Purpose: cultural tourism
Design year: 2012
Project phase: completed
Location: Ni Mountain core area, Qufu, Shandong Province
Total floor area: 66,592 m^2
Land area: 506,000 m^2
Height: 49.3 m
Number of floors: 8F/B1F
Main building structure: concrete frame-shear structure
Main exterior decoration materials: aluminum profile, glass curtain wall, stone, clay tile

3 | 4
5

3 大厅
4 室内景观
5 入口

上海第十届中国花卉博览会花博园场馆——世纪馆

The 10th China Flower Expo Garden Venue — Century Pavilion

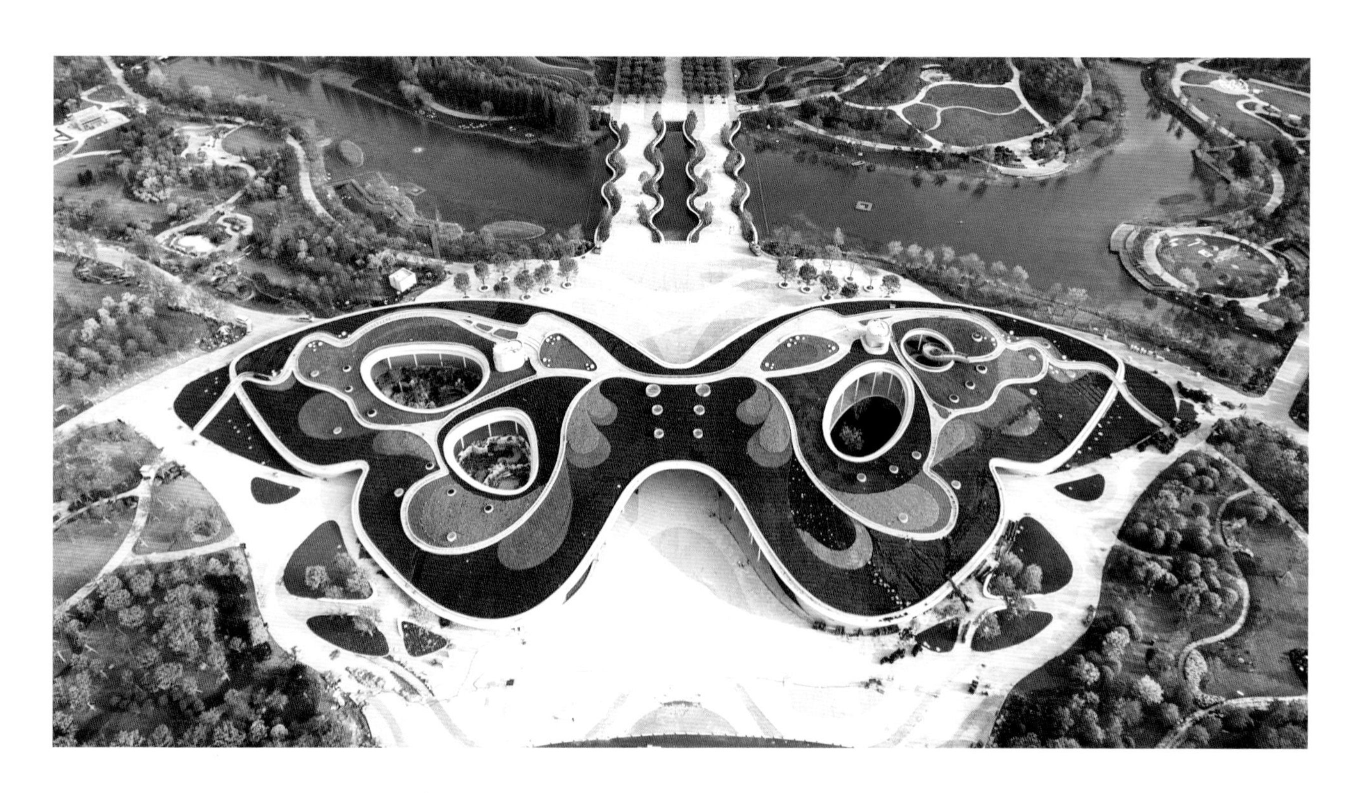

世纪馆是第十届中国花卉博览会最重要的建筑之一，它临河而建，是在中轴行进路线上到达的第一处主场馆。方案用“蝶恋花”的概念引出“蝶”形并使之与核心展区的“花”形相呼应，以“破茧成蝶”喻义花博会十年的发展蜕变。

设计采用了整体覆土的建筑形式，以种植屋面与周边林木互动来消隐建筑体量，从而实现建筑主体与周边环湖生态景观环境的完美融合。同时，世纪馆的功能体量对称布置于中轴两侧，让出中轴人行空间，保证中轴视线的通透性，打造展望核心展区的主要观景点。

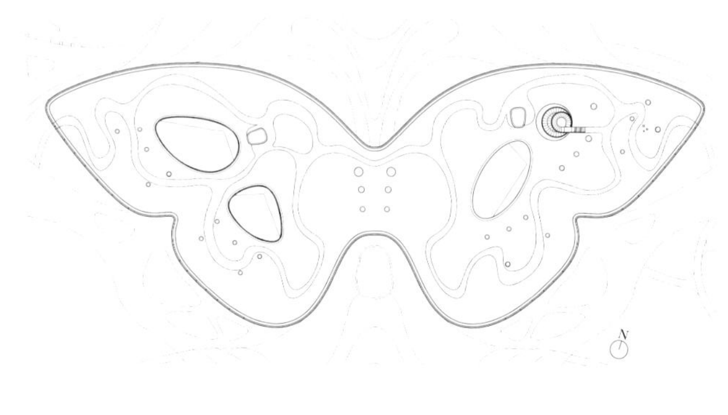

1 鸟瞰
2 总平面示意

建设单位：光明生态岛投资发展有限公司
用途：展览
设计/竣工年份：2019/2021
项目进展阶段：完成
建设地点：上海市崇明区
总建筑面积：12348m^2
用地面积：50634.6m^2
主体建筑结构形式：剪力墙 + 摇摆柱 + 预应力混凝土薄壳结构
主要外装修材料：清水混凝土

Client: Guangming Ecological Island Investment and Development Co., Ltd.
Purpose: exhibition
Design/Completion year: 2019/2021
Project phase: completed
Location: Chongming Island, Shanghai
Total floor area: 12,348 m^2
Land area: 50,634.6 m^2
Main building structure: shear wall + rocking column + thin shell structure of prestressed concrete
Main exterior decoration material: fair-faced concrete

3 | 4
5

3 庭院
4 螺旋楼梯
5 夜景

矿坑生态修复利用工程
（长沙冰雪世界及水乐园项目）

Snow World and Water Park of Changsha

项目隶属于长沙大王山旅游度假区，包含室内滑雪场及室外嬉水中心，室内滑雪场冷区面积近40000m^2，有滑雪与嬉雪两大功能，嬉水中心占地面积70000m^2，与基地西侧度假酒店形成流线联动、功能互补的空间关系。

设计采用生态修复及功能植入，在保护工业遗址的同时，将南北跨度300m、东西跨度200m、场地最大高差100m的废弃矿坑转化为“两型”主题乐园。设计以垂直叠加方式组织雪、水两大乐园，解决了用地紧张带来的布局受限问题，又使水乐园成为室内雪乐园的天然隔热屏障，为节约运维能耗提供有利条件。利用地形高差组织雪、水乐园游乐设施等空间布局，于废弃矿坑内打造世界唯一“悬浮于百米深坑之上的冰雪奇迹”。

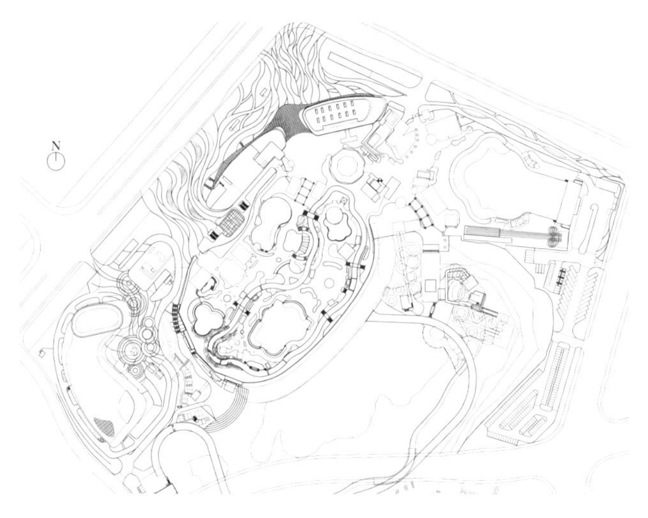

建设单位：湖南湘江新区投资集团有限公司
用途：休闲娱乐
设计/竣工年份：2013/2020
项目进展阶段：完成
建设地点：大王山旅游度假中心区，基地北邻坪塘大道，南临桐溪路，东北侧为清风南路，东南为潇湘大道西线
总建筑面积：110240.1m^2
用地面积：157280m^2
主体建筑结构形式：巨型混凝土框架—剪力墙结构、钢结构桁架梁—钢管柱结构体系
主要外装修材料：玻璃幕墙、铝板、真石漆

Client: Hunan Xiangjiang New Area Investment Group Co., Ltd.
Purpose: leisure and entertainment
Design/Completion year: 2013/2020
Project phase: completed
Location: Dawangshan Tourist Resort, Changsha. The site is adjacent to Pingtang Avenue in the north, Tongxi Road in the south, South Qingfeng Road in the northeast and West Xiaoxiang Avenue in the southeast
Total floor area: 110,240.1 m^2
Land area: 157,280 m^2
Main building structure: mega frame- shear wall structure, steel truss- concrete filled steel tubular columns structure
Main exterior decoration materials: glass curtain wall, aluminum plate, natural stone coating

1 东南向实景
2 总平面示意

3 鸟瞰
4 嬉水中心
5 室内滑雪场

上海宋城演艺·世博大舞台改扩建项目

Songcheng Performing Arts World Expo Grand Stage Renovation and Expansion Project

宋城演艺特钢大舞台项目是既有建筑改造为文化建筑项目，前身是上海钢铁厂三厂的特钢车间。按照规划要求，需保留原厂房的主要结构构件。对因年久失修的连铸车间屋顶采用复原的方式，在原有厂房的结构框架内，加入新的使用功能。

为了增加建筑的底层开放性，化解防汛堤的视线阻挡，将主剧场空间提升到建筑上部，获取底层的开放性。将北侧临江面设计为公共开放区，配以辅助商业、剧场前厅等功能，结合各层室外平台，与世博公园充分融合。本项目采用将剧院群集约在一栋建筑中的方式，在有限的空间内叠加大空间设计，同时还需满足舞台水池、舞台表演区及观众区的净高要求，并在主体结构内集约布置机电管线、舞台机械等功能。

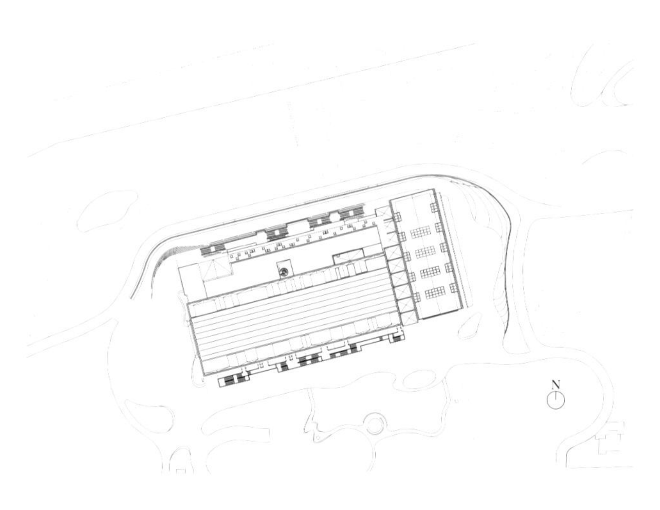

1 穿越大街
2 总平面示意

建设单位：上海世博发展（集团）有限公司
用途：观演建筑
设计/竣工年份：2017/2021
项目进展阶段：完成
建设地点：上海市浦东新区世博大道1750号
总建筑面积：41200m^2
用地面积：18039m^2
主体建筑结构形式：钢框架支撑结构体系
主要外装修材料：锈蚀钢板、装饰铝板、穿孔铝板、预制混凝土挂板、彩色玻璃等

Client: Shanghai World Expo Development (Group) Co., Ltd.
Purpose: theater
Design/Completion year: 2017/2021
Project phase: completed
Location: No. 1750 World Expo Avenue, Pudong, Shanghai
Total floor area: 41,200 m^2
Land area: 18,039 m^2
Main building structure: steel frame support structure system
Main exterior decoration materials: rusted steel plates, decorative aluminum plates, perforated aluminum plates, precast concrete hanging plates, stained glass, etc.

3 立面
4 风貌
5 全景
6 鸟瞰
7 南立面楼梯局部

九寨沟县漳扎国际生态旅游魅力小镇规划风貌改造与交通枢纽和九寨云街

Style Transformation of Zhangzha International Ecotourism Charming Town in Jiuzhaigou County

本项目根据生态优先、紧凑开发、公交主导、智慧管理的发展原则，最大化利用空间资源，营造高品质旅游度假环境，提出“景城同步”规划管理和“走向全域旅游”的发展建议。风貌改造将建筑外立面分成木构架坡屋顶、墙体、门窗三要素，按照形式、颜色、材质三方面进行设计定样，为后续详细单体设计提供模块化清单，实现丰富而统一的效果。

九寨云驿位于九寨沟景区入口附近，功能为交通、停客及配套商业。有序组织交通，配套商业之间合理连通。网红建筑与城市灰空间作为吸引点，形成供游客休憩的山间“云驿”。

九寨云街的业态为商业、办公、酒店，从沿街底层到高区靠山，由热闹向静谧过渡。通过立体组合有序布置在有限体量内，实现了地域文化的现代演绎。

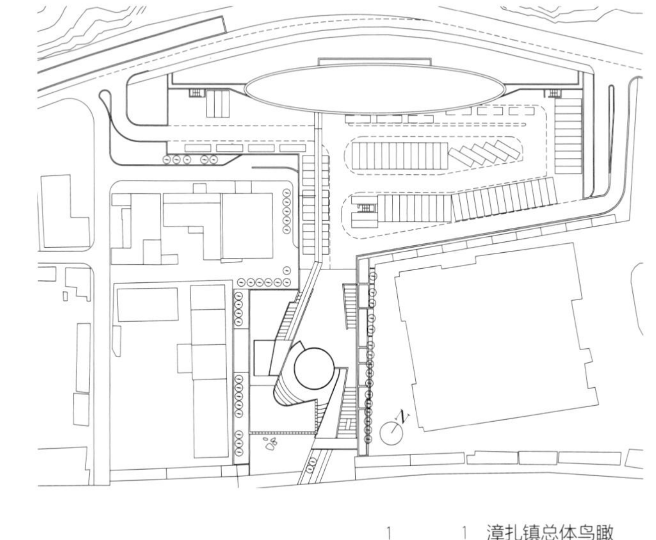

1 漳扎镇总体鸟瞰

2 九寨云驿总平面示意

建设单位：九寨沟县国瑞文化旅游投资有限公司
用途：文旅小镇
设计年份：2019
项目进展阶段：在建
建设地点：四川省九寨沟县漳扎镇
建筑面积：1500000m²
用地面积：3720000m²

Client: Jiuzhaigou Guorui Cultural Tourism Investment Co., Ltd.
Purpose: cultural tourism town
Design/Completion year: 2019
Project phase: under construction
Location: Zhangzha Town, Jiuzhaigou County, Sichuan Province
Total floor area: 1,500,000 m²
Land area: 3,720,000 m²

3 彭丰村改造
4 天堂口鸟瞰
5 九寨云驿整体鸟瞰
6 九寨云驿南楼及城市广场
7 云街风貌

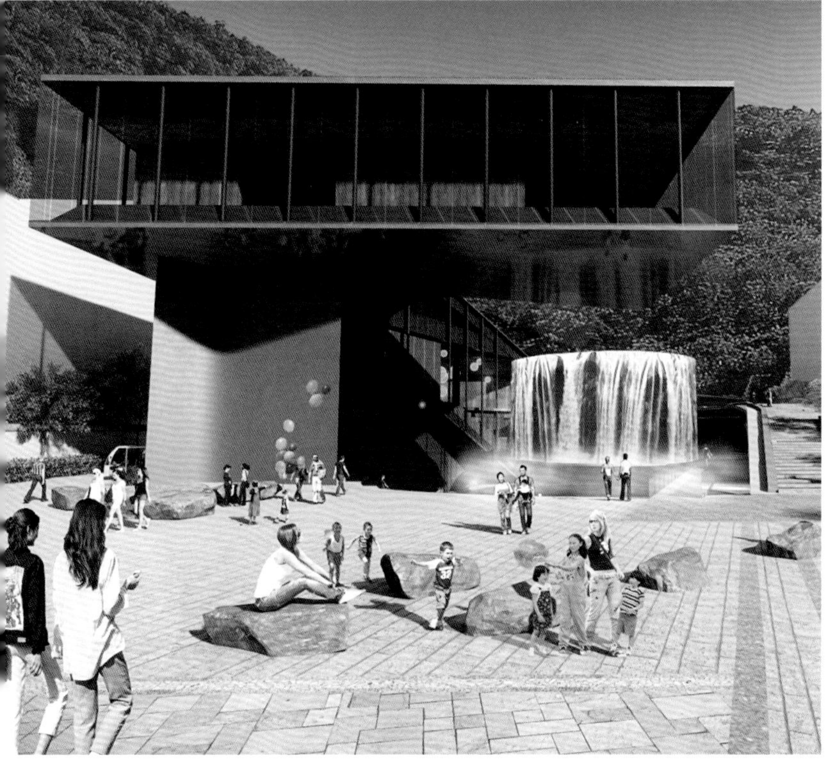

上海科技大学

Shanghai Tech University

上海科技大学基于全新的自由办学模式，打破传统几何化校园规划形式，由单一化向多元化发展，创造多样空间的融合可能。

公共教学、学院教学、学生宿舍及后勤组团共同构建起功能主体。三条自由延展的景观轴构成了总体景观结构。学院教学区包括生命学院、物质学院、信息学院、创业与管理学院、创意与艺术学院等，沿景观轴布局，围合绿色休闲区域并强化中央主轴线，宛如镶嵌在玉带上的一颗颗明珠。

1 图书馆
2 总平面示意

建设单位：上海科技大学
合作设计单位：慕若昱建筑设计咨询（上海）有限公司
用途：教育科研
设计/竣工年份：2012/2016
项目进展阶段：完成
建设地点：上海市浦东科技园
总建筑面积：702103m^2
主体建筑结构形式：框架结构
主要外装修材料：玻璃幕墙、陶板幕墙、装饰铝板、涂料

Client: Shanghai Tech University
Design partner: MRY
Purpose: education and scientific research
Design / Completion year: 2012/2016
Project phase: completed
Location: Shanghai Pudong Tech Park
Total floor area: 702,103 m^2
Main building structure: frame structure
Main exterior decoration materials: glass curtain wall, ceramic plate curtain wall, decorative aluminum plate, coating

3 | 4
5

3 生命学院
4 信息学院
5 校园全貌

教育建筑

广西百色干部学院

Baise Executive Leadership Academy, Guangxi

百色干部学院位于广西百色市，是一所规划学员规模800人的干部培训基地，基地背山面水，整体地势高低起伏，自然形成三个高地和两个谷地。

学院总体规划借用基地内“一湖两溪”的天然格局，临湖面和溪流形成多重丰富的亲水空间。学员宿舍布置在叠溪两侧，宿舍区可见溪水潺潺，门前小径可沿溪漫步。院落用来组织单体基本单元，尺度宜人的院落空间营造了房前屋后亲切的环境和美景。

建筑自水边层叠渐高，错落有致，与山水环境融合。每个单体都能获得更好的采光和景观，自然和建筑在看与被看中互相转换。

建设单位：中共百色市委党校
用途：文化教育
设计/竣工年份：2014/2016
项目进展阶段：完成
建设地点：广西壮族自治区百色市百东新区
总建筑面积：98698m^2
用地面积：419330m^2
主体建筑结构形式：框架结构
主要外装修材料：清水砖、清水混凝土、仿木铝合金板、玻璃

Client: Party School of Baise Committee of CPC
Purpose: cultural education
Design / Completion year: 2014/2016
Project phase: completed
Location: Baidong New Zone, Baise, Guanxi
Total floor area: 98,698 m^2
Land area: 419,330 m^2
Main building structure: frame
Main exterior decoration materials: fair-faced brick, fair-faced concrete, wood effect aluminum alloy plate, glass

1 灯火夜潭
2 总平面示意

3 会议中心入口钢木结构雨篷
4 晨风小院
5 学员宿舍楼
6 教学楼

教育建筑

天津茱莉亚学院

Tianjin Juilliard School

天津茱莉亚学院是纽约茱莉亚学院在海外的第一所分校。本项目主要功能除教学、阅览、排练、办公、展览外，还包括一个687座的音乐厅、一个299座的演奏厅及一个250座的黑盒剧场，是一座以学生为中心并旨在提供世界一流表演艺术教育的建筑。开放的设计理念使建筑空间成为城市公共文化空间的一部分。本项目声学设计采用国际最高标准，以达到最好的视听体验。

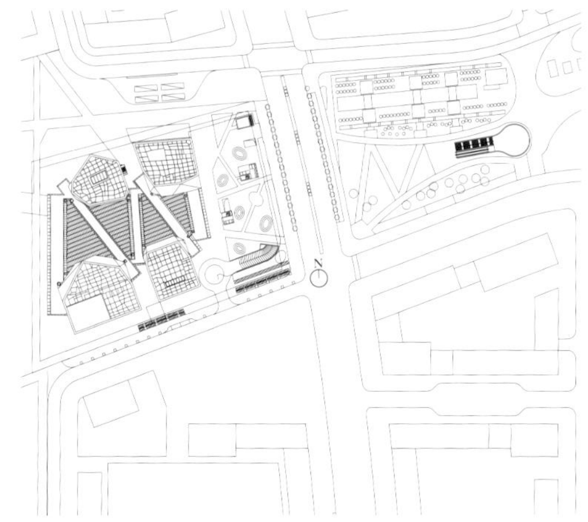

1 鸟瞰
2 总平面示意

建设单位：天津中冶名金置业有限公司
合作设计单位：DILLER SCOFIDIO + RENFRO
用途：文化教育
设计/竣工年份：2016/2020
项目进展阶段：完成
建设地点：天津市滨海新区于家堡金融区
总建筑面积：44965m^2
用地面积：18523m^2
主体建筑结构形式：钢筋混凝土结构（地下）、钢结构（地上）
主要外装修材料：GFRC(玻璃纤维增强混凝土）、玻璃幕墙

Client: Tianjin Zhongye Mingjin Real Estate Co., Ltd.
Design partner: DILLER SCOFIDIO + RENFRO
Design partner's role: schematic design
Purpose: cultural education
Design / Completion year: 2016/2020
Project phase: completed
Location: Yujiapu Financial Area, Binhai New Area, Tianjin
Total floor area: 44,965 m^2
Land area: 18,523 m^2
Main building structure: reinforced concrete structure (underground); steel structure (above ground)
Main exterior decoration materials: GFRC, glass curtain wall

3 街景
4 黑盒剧场
5 俯瞰
6 音乐厅
7 大厅

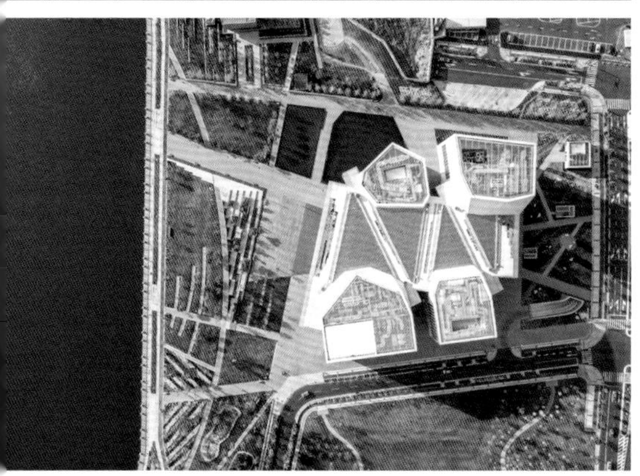

教育建筑

北航青岛国际科教新城一期

Qingdao International Science and Education New City of Beihang University (Phase I)

北航青岛国际科教新城选址位于青岛蓝色硅谷区域内，规划作为承载人才培养、科技创新、成果转化、国际合作、文化建设五位一体的战略性布局安排，以“中西合璧、山海辉映，园景相融、科教一体，北航小镇、百年精品”为建设基本原则和目标的地区科教产业新城。项目主要包括科研教学区、国际学术交流中心、国际专家谷等区域。

1 图书馆
2 鸟瞰

建设单位：青岛蓝谷投资发展有限公司
用途：教育
设计年份：2019
项目进展阶段：在建
建设地点：青岛蓝色硅谷
总建筑面积：374401m^2
用地面积：514520m^2
主体建筑结构形式：钢筋混凝土框架结构
主要外装修材料：金属铝板、玻璃幕墙

Client: Qingdao Oceantec Valley Investment and Development Co., Ltd.
Purpose: education
Design/Completion year: 2019
Project phase: under construction
Location: Qingdao Oceantec Valley, Shandong
Total floor area: 374401 m^2
Land area: 514520 m^2
Main building structure: reinforced concrete frame
Main exterior decoration materials: aluminum, glass curtain wall

3 国际交流中心鸟瞰
4 国际交流中心
5 图书馆室内
6 信息学院

中共海南省委党校（海南省行政学院、海南省社会主义学院）新校区建设项目

New Campus Construction Project of Hainan Provincial Party School (Hainan Provincial Academy of Governance, Hainan Provincial Institute of Socialism)

项目以干部教育培训为基本职能，兼顾学科研究，服务"一带一路"战略，增进国际交流。建筑方案旨在营建一座庄重朴实、功能完善、空间丰富、绿色生态的园林式校园。新校区由教学区、会议中心、综合楼、图书馆、党际交流中心、体育中心以及餐饮区、宿舍区和后勤管理区等组成。

设计分别研究了海南地域及气候特征、中国园林及书院建筑空间尺度、地域建筑文化传统及材料运用、海南现代建筑发展趋势等，综合各种建筑要素，形成兼具传统建筑意境和现代建筑精神的校园空间形态，体现质朴宁静的园林式校园文化氛围。

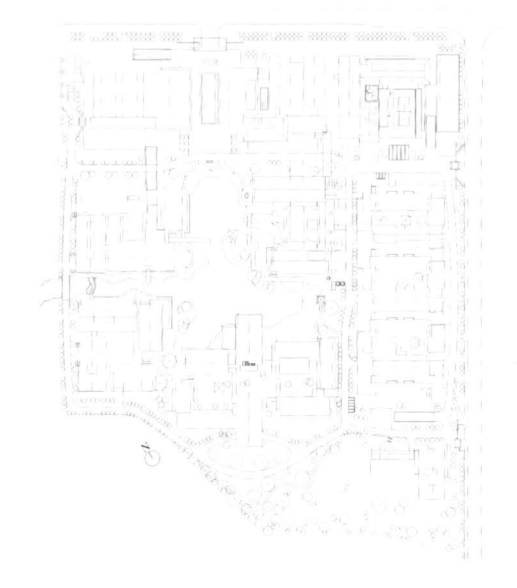

1 综合楼
2 总平面示意

建设单位：中共海南省委党校
用途：教育
设计/竣工年份：2018/2021
项目进展阶段：完成
建设地点：海南省海口市江东新区
总建筑面积：177949.2m²
用地面积：129898.63m²
主体建筑结构形式：钢筋混凝土框架结构、钢筋混凝土框架剪力墙结构
主要外装修材料：清水混凝土、清水砖墙、灰色石材、灰色金属铝板、仿木纹格栅、Low-E玻璃、胶合木等

Client: Hainan Provincial Party School
Purpose: culture education
Design / Completion year: 2018/2021
Project phase: completed
Location: Jiangdong new area, Haikou, Hainan Province
Total floor area: 177,949.2 m²
Land area: 129,898.63 m²
Main build structure: frame structure, frame shear wall
Main exterior decoration materials: fair-faced concrete, fair-faced brick, grey stone, grey aluminum panel, wood-like aluminum grille, Low-E glass, glued wood, etc

3/4

3 校园景观
4 湖区

上海兴华老年活动中心改扩建项目

Renovation and Expansion Project of Xing Hua Senior Citizen Activity Centre

项目位于上海闵行区旗忠村，周边有多条水系，依水相邻，地理环境优美。一幢3层的综合楼与6幢2层的辅助用房单体共同组成高品质、环境幽静高雅的低层建筑组群，主要提供教育、培训、会务等场所。

设计将新建建筑与原有建筑及周边环境完美地结合在一起，打造步移景异的空间效果。新建建筑的立面设计为现代中式风格，与原有建筑对比统一、相映成趣。建筑屋顶设置了很多空中花园，丰富了园区的景观层次，提升了园区建筑组群的标志性。

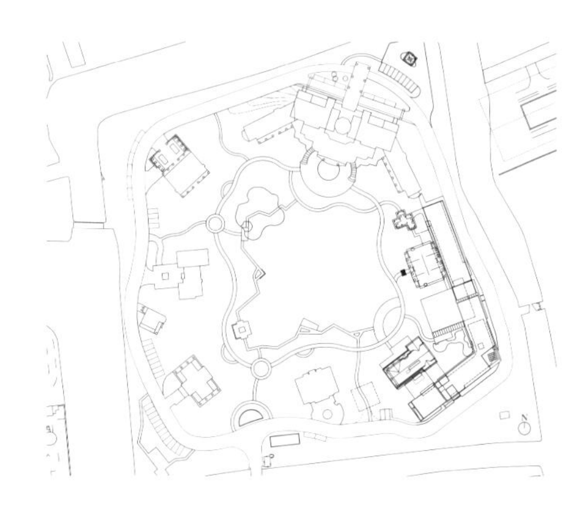

建设单位：上海市闵行区民政局
用途：教育
设计/竣工年份：2011/2013
项目进展阶段：完成
建设地点：上海闵行区旗忠村
总建筑面积：6681m^2
用地面积：33291m^2
主体建筑结构形式：框架—剪力墙结构
主要外装修材料：涂料、玻璃幕墙、拉丝不锈钢

Client: East China Architectural Design and Research Institute Co., Ltd.
Purpose: education
Design/Completion year: 2011/2013
Project phase: completed
Location: Qizhong village, Minhang District, Shanghai
Total floor area: 6,681 m^2
Land area: 33,291 m^2
Main building structure: frame-shear wall
Main exterior decoration materials: coating, glass curtain wall, brushed stainless steel

1 庭院局部
2 总平面示意

3 建筑转角
4 庭院局部
5 建筑外立面
6 建筑外观

上海西郊国际农产品交易中心

Shanghai Xijiao International Agricultural Product Trade Center

项目位于上海市青浦区华新镇，首期工程交易区、加工配送区、仓储区、展示直销区、行政管理区、综合生活服务区六大功能区块于2010年竣工。作为上海市唯一的主中心批发市场，发挥着本市各类食用农产品商品流通、货物集散、信息发布、价格形成等方面的主导作用。

2017年改扩建一期工程新建生鲜交易与物流配送建筑，地下1层，地上4层，建筑面积约11.8万m²，规模为同类建筑全球之最。建筑方案巧妙而自然地形成“旗舰”造型，“舰艏”昂然指向园区的主入口。在国内同类建筑中，创造性地采用我院专利技术——“剪刀式汽车坡道”系统，提高楼内交通效率，创造国内外同类型物流建筑新纪录。

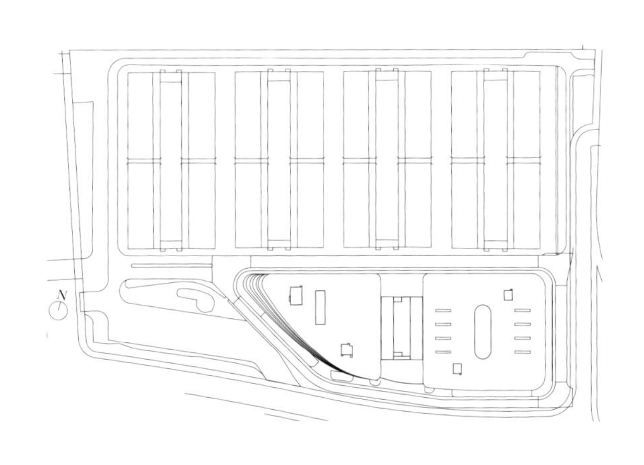

1 园区全景
2 总平面示意

建设单位：上海西郊国际农产品交易有限公司
用途：交易与生鲜物流
设计/竣工年份：2005/2018
项目进展阶段：完成
建设地点：上海市青浦区华新镇
总建筑面积：640000m²
用地面积：133.3hm²
主体建筑结构形式：钢结构
主要外装修材料：预制混凝土PC挂板

Client: Shanghai Xijiao International Agricultural Product Trade Co., Ltd.
Purpose: trading and fresh food logistics
Design/Completion year: 2005/2018
Project phase: completed
Location: Huaxin Town, Qingpu District, Shanghai
Total floor area: 640,000 m²
Land area: 133.3 hm²
Main building structure: steel structure
Main exterior decoration material: precast concrete board

3 全景
4 鸟瞰
5 建筑风貌

上海临港现代物流平台多层汽车库

Shanghai Lingang Automobile Warehouse

项目位于杭州湾北岸的上海南港，是临港地区首批重点工程之一，也是我国规模最大的多层立体车库。项目完成后能停放约10000辆小汽车。主要功能为进出口车辆检测和储存，一层为PDI检车区停放区，二至六层为小汽车停放区。

建筑功能组织高效合理：检测登记和存放通过立体空间区分开，流线清晰不交叉。单车停车空间面积为23m²/辆以内。单体建筑之间采用了我院专利技术的复合式汽车坡道，承担两侧共10000辆成品小型汽车的出入库上下交通功能。立面白色格栅设计简洁大方，富有韵律和动态的美，还兼作消防救援口，并起到自然通风与遮阳防雨的作用。

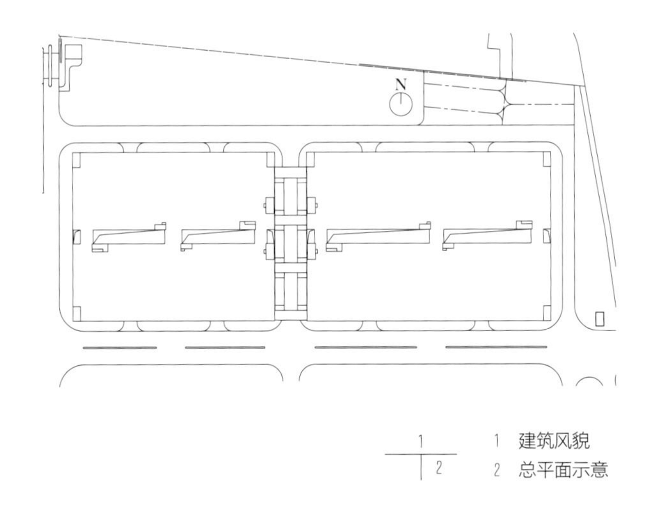

1 建筑风貌
2 总平面示意

建设单位：上海临港产业区港口发展有限公司
用途：成品汽车物流
设计年份：2019
项目进展阶段：在建
建设地点：上海市浦东新区
总建筑面积：230000m²
用地面积：47021m²
主体建筑结构形式：钢结构
主要外装修材料：预制混凝土格栅板

Client: Shanghai Lingang Industrial District Port Development Co., Ltd.
Purpose: automobile warehouse
Design year: 2019
Project phase: under construction
Location: Pudong New Area, Shanghai
Total floor area: 230,000 m²
Land area: 47,201 m²
Main building structure: steel structure
Main exterior decoration material: precast concrete grating plate

3 全景鸟瞰
4 建筑风貌

天津丰驰物联网一期

Tianjin FONCHE Internet of Things Phase I

本项目是天津地区最大的汽车主题的综合体项目，共有机动车停车位4500多辆，包含汽车物流、检测、汽车仓储、汽车展示交易、企业办公等一系列汽车配套服务功能，并可完成汽车展示交易、使用和维护的全套流程。

设计面向未来，大量采用了智能化、弹性空间设计、复合功能空间、大数据平台等先进设计理念和技术手段，满足客户日益增长的功能及精神文化需求，为企业塑造强势品牌形象。立面设计充分体现汽车工业设计中的现代、动感元素，造型新颖独特且高端大气。建成后已成为当地有名的地标建筑和国内外该类型建筑的标杆。

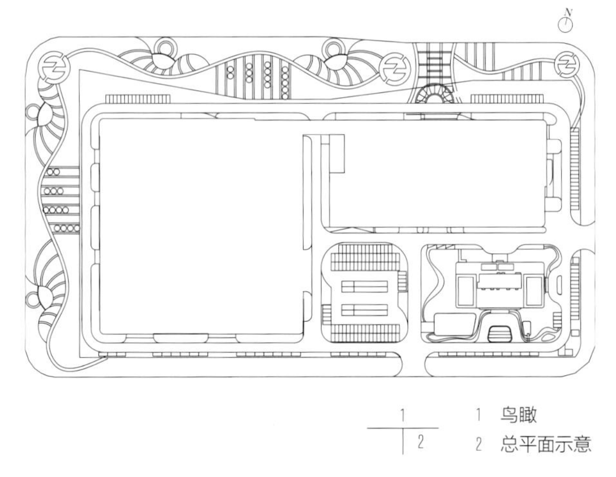

1 鸟瞰
2 总平面示意

建设单位：丰驰物联网管理有限公司
合作设计单位：天津天怡建筑规划设计有限公司
合作设计单位承担角色：施工图设计
用途：成品汽车物流及展销
设计/竣工年份：2019/2020
项目进展阶段：完成
建设地点：天津市滨海新区
总建筑面积：183000m^2
用地面积：47200m^2
主体建筑结构形式：钢筋混凝土框架结构
主要外装修材料：铝合金/玻璃幕墙

Client: FONCHE IOT Management Co., Ltd.
Design partner: Tianjin Tianyi Architectural &Planning Design Co., Ltd.
Design partner's role: construction drawing design
Purpose: automobile warehouse & exhibition center
Design/Completion year: 2019/2020
Project phase: completed
Location: Binhai New Area, Tianjin
Total floor area: 183,000 m^2
Land area: 47,200 m^2
Main building structure: reinforced concrete frame structure
Main exterior decoration materials: aluminum alloy/glass curtain wall

3 街景
4 全景

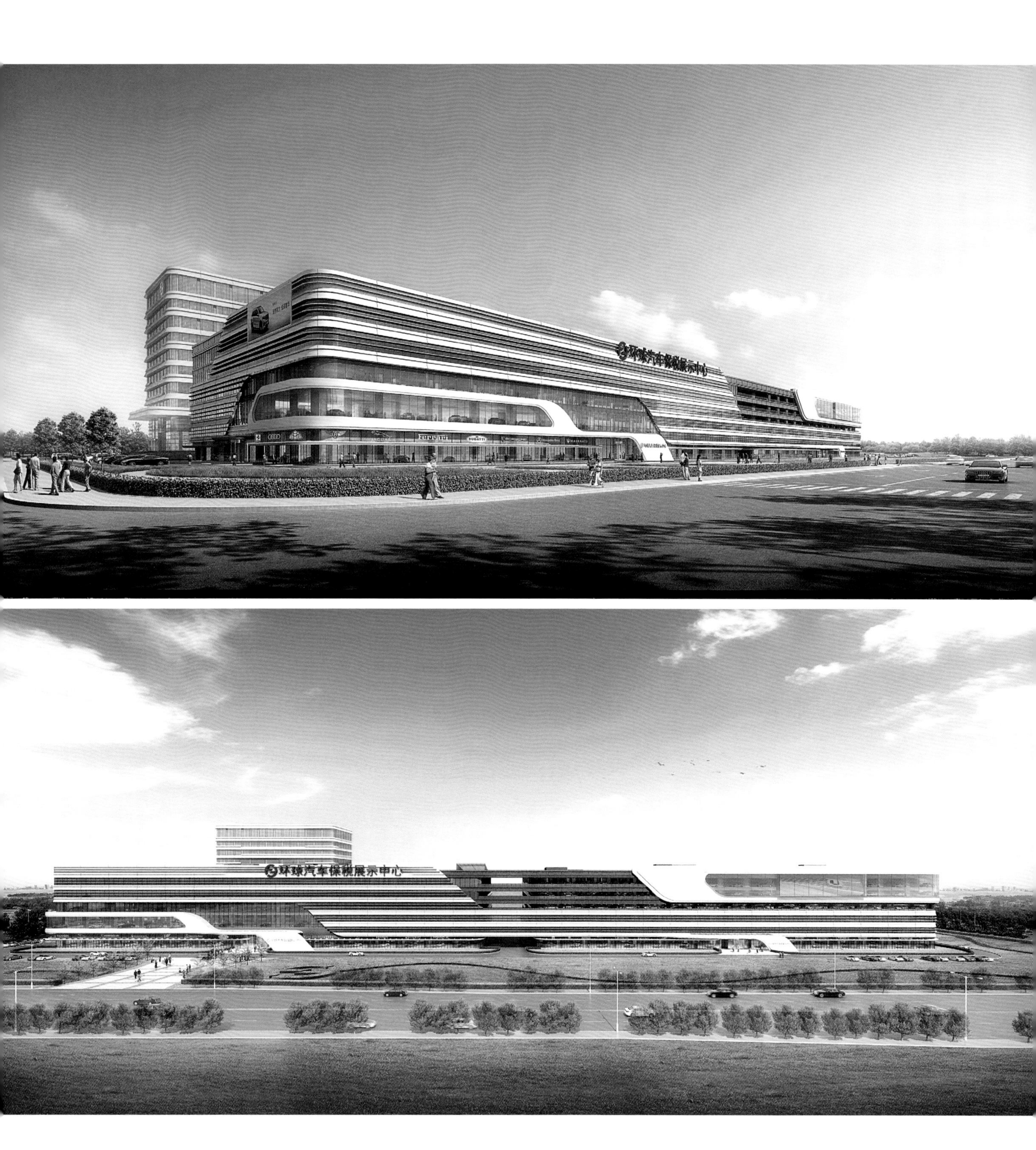

物流体育
住宅

兰州国际高原夏菜副食品采购中心

Lanzhou International Plateau Produce Market

本项目一期工程共约109栋单体，包括闻名全国的“高原夏菜”交易区、精果、副食、粮油、水产、肉类、冻品、药材干货、农资、清真、国际等12个交易区，是“国家级公益性农产品市场”和甘肃省八大交易市场之一。

基地分设5个阶梯式台地，解决地势高差，理顺总体交通流线。采用双首层，收到良好效果。“清真交易区”为全球最大的清真农产品和牛羊肉交易区，造型兼具伊斯兰建筑“清真交易”风格和新时代建筑风尚，得到广泛欢迎和称赞。展示直销中心是整个园区的标志性核心，既满足兰州农产品展会需要，又兼顾场馆日常农产品大型超市需求。建筑将会展空间需求与新结构、高科技材料融为一体，体现农产品“展示、会务、商业”蓬勃发展的主题。

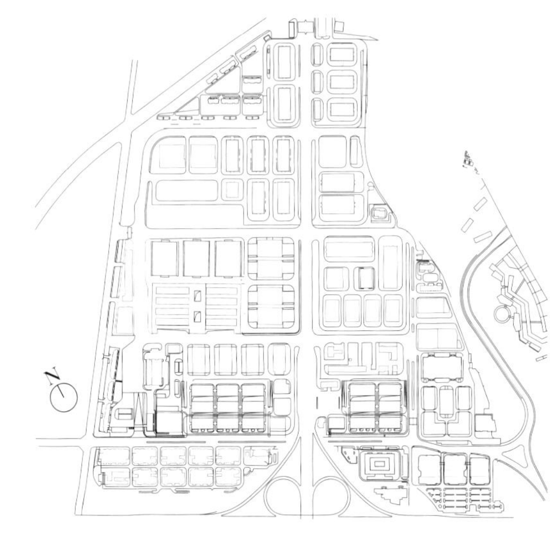

建设单位：兰州国际高原夏菜副食品采购中心有限公司
用途：交易与生鲜物流
设计年份：2014
项目进展阶段：部分完成，部分在建
建设地点：甘肃省兰州市榆中县定远镇
总建筑面积：约1000000m^2
用地面积：1486700m^2
主体建筑结构形式：钢筋混凝土结构
主要外装修材料：涂料

Client: Lanzhou International Plateau Produce Market Co., Ltd.
Purpose: trading and fresh food logistics
Design year: 2014
Project phase: under construction (partially completed)
Location: Dingyuan Town, Yuzhong County, Lanzhou, Gansu Province
Total floor area: about 1,000,000 m^2
Land area: 1,486,700 m^2
Main building structure: reinforced concrete structure
Main exterior decoration material: paint

1 全景
2 总平面示意

3 商业鸟瞰
4 清真市场

物流体育
住宅

上海上药控股临港新片区医药大健康国际产业园区

SPH International Pharmaceutical Logistics Park Lingang New Area

本项目寓意“生命之舟”，是上海市重点打造的一个以医药物流及自贸区为载体的产业园区，涵盖“管理研发、展示、体验、交易、物流、售后服务”六大核心功能，可提供医药产品全生命周期闭环服务。

为满足复杂多变的使用要求，总体布局遵循完整有力的规划结构和标准化模数化，布置6组模块化建筑在南北向交通主轴上，可独立也可协同运作。为解决高容积率、高密度园区的交通难题，设置立体集约的二、三层交通平台坡道，大幅提升效率和效益。建筑外立面采用双层表皮，轻盈的穿孔铝板演化为细腻宜人的形象，顶部膜材遮阳构架设计为扁舟形，寓意保障人民生命安全的诺亚方舟。

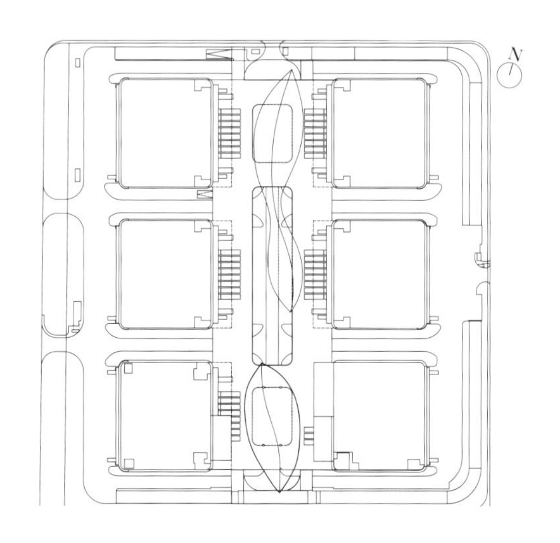

建设单位：上药国际物流（上海）有限公司
用途：综合性物流产业园
设计年份：2022
项目进展阶段：施工图
建设地点：上海自贸区临港新片区浦东国际机场南侧区域
总建筑面积：196218m^2
用地面积：126595m^2
主体建筑结构形式：钢管混凝土框架结构
主要外装修材料：穿孔铝板

Client: SPH Pharmaceutical International Logistics (Shanghai) Co., Ltd.
Purpose: comprehensive logistics park
Design year: 2022
Project phase: construction design
Location: Shanghai Free Trade Zone Lingang New Area, south of Pudong International Airport
Total floor area: 196,218 m^2
Land area: 126,595 m^2
Main building structure: reinforced concrete frame
Main exterior decoration material: perforated aluminum plate

1 夜景
2 总平面示意

3 鸟瞰
4 街景

物流体育
住宅

上海发那科智能工厂三期

Shanghai FANUC Smart Factory Phase III

本项目将建成中国第一条“机器人生产机器人”的数字化智能生产线，中国最大、最先进的集研发、制造、销售三大中心于一体的工业4.0工厂，也将成为国家先进制造业的主推产业和宝山机器人产业园龙头企业的地标建筑群。

园区北侧为生产物流区，根据生产、物流工艺流程布置各单体。南侧为“一字”并排布局的研发办公区。立面造型以简洁、现代风格为主，富有科技色彩和韵律，打造高效、科技、精致的园区形象。各单体采用门式钢架、钢框架、框架—剪力墙、框架—核心筒、混凝土框架等不同结构体系。地上装配面积100%，预制装配率40%，并依托厂房屋顶建设太阳能光伏组件，总体规模达12MWp。

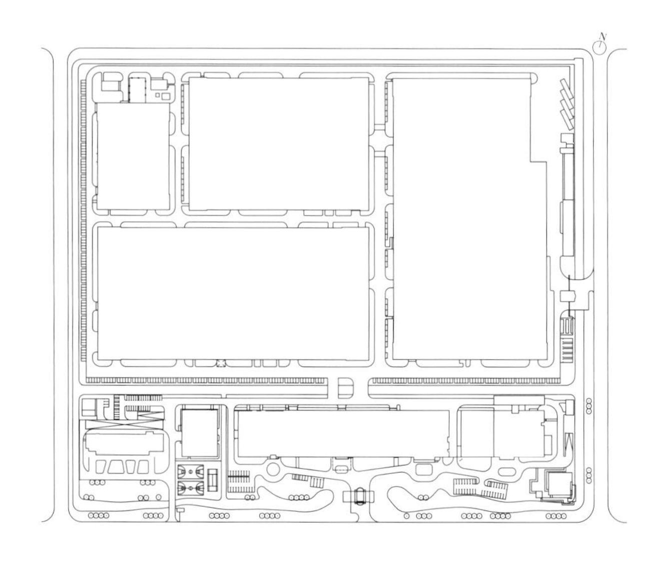

建设单位：上海发那科机器人有限公司
用途：工业4.0厂房
设计年份：2019
项目进展阶段：在建
建设地点：上海市宝山区富联三路与富桥路交界处西北侧
总建筑面积：270000m²
用地面积：287480m²
主体建筑结构形式：门式钢架、钢框架
主要外装修材料：压型钢板、铝板

Client: SHANGHAI-FANUC
Purpose: Industry 4.0 Factory
Design year: 2019
Project phase: under construction
Location: Northwest of the junction of Fulian 3rd Road and Fuqiao Road in Baoshan District, Shanghai
Total floor area: 270,000 m²
Land area: 287,480 m²
Main building structure: steel portal frame, steel frame
Main exterior decoration material: profiled steel sheeting, aluminum panel

1 沿街立面
2 总平面示意

3 建筑外观
4 鸟瞰

物流体育
住宅

上海国际文物艺术品保税服务中心

Shanghai International Antique and Art Bonded Service Center

本项目位于上海浦东外高桥自贸区，是已建成并投入使用的高端艺术品服务综合楼。其中仓储综合楼包括仓储、金库、展示、艺术品拍卖等多种艺术品交易服务功能，另设配套办公楼。安保级别为“全球最安全的艺术品展示、拍卖、仓储、办公服务综合楼”，满足公安局技防办的安防要求、UL国际安防标准、GRASP国际风险评估标准、NFPA美国消防规范等。

仓储服务功能针对艺术品仓储藏品，包括字画、雕塑、玉器、黄金、红酒及需要恒温恒湿环境的艺术藏品。展示服务功能是举办佳士得、苏富比等专业中大型拍卖会，及VIP定制式私人艺术品仓储结合的私人展陈功能。该类型规模的建筑在国内尚属首创。

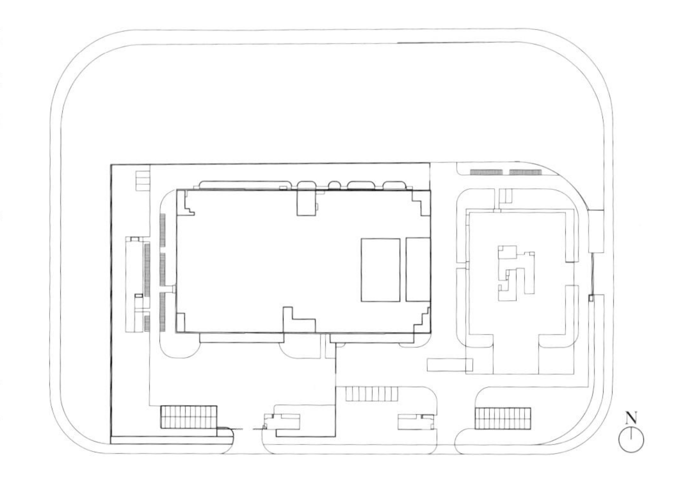

建设单位：上海自贸区国际文化投资发展有限公司
用途：艺术品仓储、展示、办公、服务等
设计/竣工年份：2015/2020
项目进展阶段：完成
建设地点：上海市浦东新区自由贸易试验区台中南路138号
总建筑面积：68372.96m^2
用地面积：20190.6m^2
主体建筑结构形式：框架剪力墙
主要外装修材料：石材+穿孔铝板幕墙

Client: Shanghai FTZ International Culture Investment and Development Co., Ltd.
Purpose: art storage, exhibition, office, service, etc.
Design/Completion year: 2015/2020
Project phase: completed
Location: No. 138, Taizhong South Road, Pilot Free Trade Zone, Pudong New Area, Shanghai
Total floor area: 68,372.96 m^2
Land area: 20,190.6 m^2
Main building structure: frame shear wall
Main exterior decoration materials: stone + perforated aluminum curtain wall

1 日景
2 总平面示意

3 夜景
4 入口小广场

新蔡县体育中心

Xincai Sports Center

项目位于河南省新蔡县南部问津教育园区的中央主轴线北端，南侧为规划景观公园与水系，景观条件优越。包含20000座体育场、5000座体育馆和12000m²的全民健身中心。

建筑形体设计以“鱼跃龙门”为理念，以轻盈的带形顶棚为造型，高效节能，建筑功能、造型与结构完美整合。体育场东、西侧看台采用非对称设计，增加西侧视觉条件好的看台座席数，提升观赛质量。屋盖沿西侧看台弧面展开，两侧自然起翘，如鸟斯革，如翚斯飞。屋面材料采用鳞状金属板，场内光线适宜明亮。壳形体育馆的表皮彰显美感。钢结构桁架统领三个场馆，形成草书字体“龙”的建筑形象，隐喻学业有成、鱼跃龙门的期望。

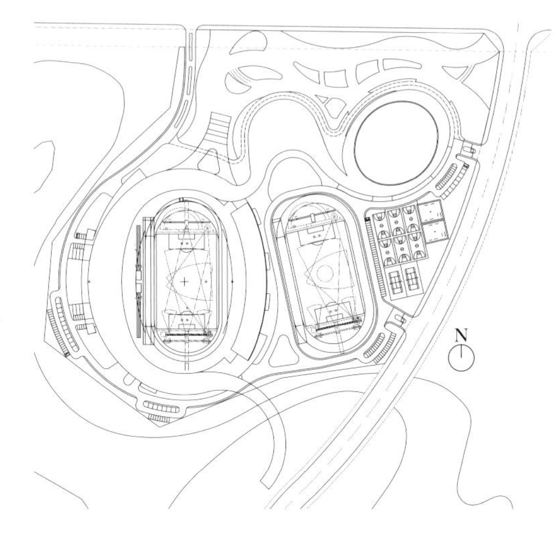

建设单位：新蔡县城乡规划局
用途：体育建筑
设计年份：2017
项目进展阶段：在建
建设地点：河南省新蔡县
总建筑面积：65051.4m²
用地面积：216000m²
高度：35.45m
层数：4
主体建筑结构形式：钢筋混凝土框架+钢结构顶棚
主要外装修材料：金属板材+涂料

Client: Xincai Directorate for Town and Country Planning
Purpose: sports center
Design year: 2017
Project phase: under construction
Location: Xincai, Henan Province
Total floor area: 65,051.4 m²
Land area: 216,000 m²
Height: 35.45 m
Number of floors: 4
Main building structure: reinforced concrete frame+ steel structure roof
Main exterior decoration material: sheet metal+ coating material

1 全景
2 总平面示意

3 鸟瞰
4 园区全貌
5 夜景

物流体育
住宅

苏州拙政别墅

Suzhou Zhuozheng Villa

项目位于江苏省苏州市。该别墅区为新中式建筑，将古建筑元素与现代建筑布局融合统一，兼具居住功能与文化韵味。

在单体空间与户型设计方面，设置多层次院落和婉转流动的空间序列，获得丰富的院内景观，表达出含蓄、端庄的东方风韵。建筑细部构造精巧别致，突显纯正苏州园林风格，典雅不凡。以白墙黑瓦为主色，屋顶飞檐起翘作为优美跳跃的线条，点缀檐口、花窗、雕花等细部造型，屋顶举折呈现恰到好处的优美弧线。苏式建筑屋脊与鸱吻的设计，尺度适宜，规格等级匹配，古朴简洁，与整个建筑融为一体。檐口及挂板处作为重点刻画部位，选用优质木材，配色深沉，工艺精巧，尽显古味。

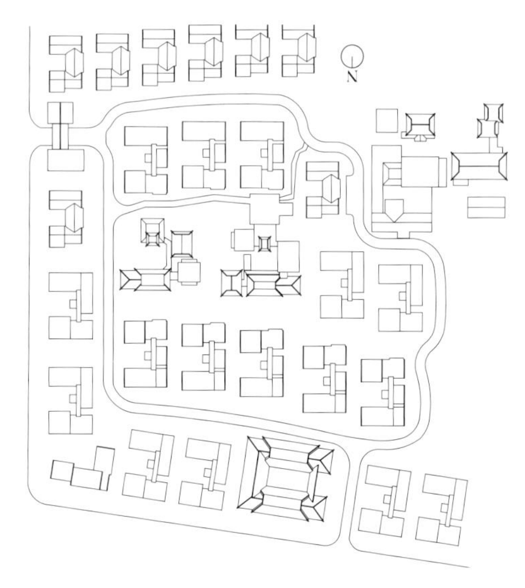

1 小区景观
2 总平面示意

建设单位：苏州赞威置业有限公司
用途：住宅
设计/竣工年份：2010/2012
项目进展阶段：完成
建设地点：苏州百家巷8号，拙政园东北方向
总建筑面积：42132m^2
用地面积：34908.8m^2
主体建筑结构形式：框架结构
主要外装修材料：涂料，石材

Client: Suzhou Zanwei Real Estate Co., Ltd.
Purpose: residence
Design / Completion year: 2010 / 2012
Project phase: completed
Location: No. 8, Baijia Lane, northeast of Humble Administrator Garden, Suzhou, Jiangsu Province
Total floor area: 42,132 m^2
Land area: 34,908.8 m^2
Main building structure: frame structure
Main exterior decoration materials: paint, stone

3 外立面形象
4 内院景观与建筑形象1
5 内院景观与建筑形象2

长沙湖南金融中心城市设计

Urban Design of Hunan Financial Centre in Changsha

湖南金融中心的核心定位是立足中部、辐射西部的省级金融中心，旨在打造一个产业完善、环境优雅、交通便捷、生态智慧的金融城。规划方案采用“引山入城沟通南北绿脉，聚水成洲吸纳浏阳气韵，两岸缝合沟通湘江东西，三心联动呼应对岸地标”的构思，最终形成以茶子山站为主中心，以福元大桥西站为副中心的双中心结构。

1 沿江鸟瞰
2 总体鸟瞰

建设单位：湖南湘江新区管理委员会国土规划局
项目类型：城市设计及规划总控
设计年份：2016—2019
项目进展阶段：方案
项目地点：湖南省长沙市湘江新区
总建筑面积：9690000m^2
用地面积：2860000m^2

Client: National Land Planning Bureau of Hunan Xiangjiang New District Management Committee
Purpose: urban design and overall control plan
Design year: 2016-2019
Project phase: program
Location: Xiangjiang New District, Changsha, Hunan Province
Total floor area: 9,690,000 m^2
Land area: 2,860,000 m^2

3 下沉广场效果图
4 夜景鸟瞰

规划与城市设计

上海杨浦滨江船厂地区综合开发实施咨询项目

Consulting Services for the Comprehensive Development of Yangpu Binjiang Shipyard in Shanghai

本项目充分考虑杨浦滨江船厂的资源禀赋，通过滨江热点营造，激活滨江工业遗址带，打造三条延伸向腹地的公共空间轴线，将滨江活力引入腹地，利用多重手段重新激活老社区。充分考虑TOD开发的可能性，强调周边慢行系统与地下系统的构建，创新性地引入了共享街道的概念。此外，方案提出了具有弹性的地块联动开发策略，旨在将杨浦滨江打造为一个富有活力的滨江国际创新带和后工业未来水岸。

1 船坞艺术中心
2 船坞艺术中心室内

建设单位：上海杨浦滨江投资开发有限公司
合作设计单位：株式会社日建设计
项目类型：改建、新建
设计年份：2018
项目进展阶段：中标深化
项目地点：上海市杨浦区滨江船厂地区
总建筑面积：2250000m^2
用地面积：1200000m^2

Client: Shanghai Yangpu Binjiang Investment Development Co., Ltd.
Design partner: Nikken Seiko Co., Ltd.
Purpose: reconstruction, new construction
Design year: 2018
Project phase: won the bid
Location: Binjiang Shipyard Area, Yangpu District, Shanghai
Total floor area: 2,250,000 m^2
Land area: 1,200,000 m^2

3	4
5	

3 滨江大草坪
4 滨江界面
5 鸟瞰

长春拖拉机厂改造更新工程（一期）

Reconstruction and renewal of Changchun Tractor Factory (Phase I)

本次工程结合厂区整体规划以及厂房自身空间结构特点，修缮设计包括保护、整治室外总体环境，重点修缮外立面及更新设计和功能提升。原厂房自身并无保温系统，保温效果甚微，新加部分最大程度节约能耗。

本次更新坚持可读性原则，将拆除、修复与新建的痕迹在外观上清晰呈现，以通过新旧的对比明确展示历史文脉信息，加强整体表现力。

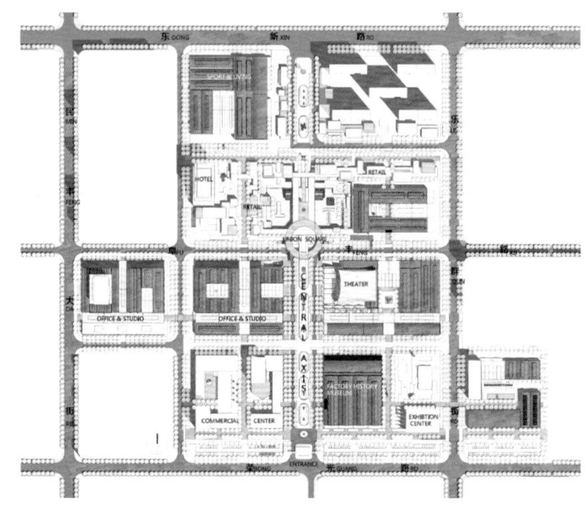

1 日景
2 布局

建设单位：长春城市发展集团
用途：办公
设计年份：2018
项目进展阶段：方案
建设地点：吉林省长春市二道区
总建筑面积：24400m^2
用地面积：22690m^2
主体建筑结构形式：桁架
主要外装修材料：砖

Client: Changchun Urban Development Group
Purpose: office
Design year: 2018
Project phase: scheme
Location: Erdao District, Changchun, Jilin Province
Total floor area: 24,400 m^2
Land area: 22,690 m^2
Main building structure: truss
Main exterior decoration material: brick

3
4

3 展陈
4 鸟瞰

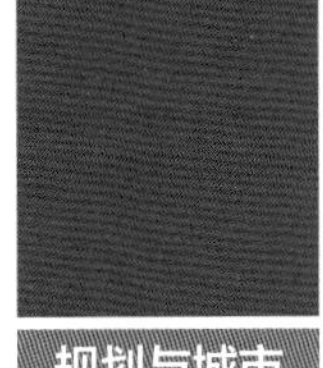

规划与城市设计

成都金融城城市设计

Urban Design of Chengdu Financial City

金融总部商务区位于成都市南部，横跨锦江两岸。作为21世纪成都新地标，规划以“沃野中的河川”为设计理念，充分利用基地的生态特性，营造出自然和技术相互辉映的新时代金融中心。

通过土地功能高效复合开发、城市空间形态丰富且自然化、立体化地形改造、交通无缝衔接和创造活力的城市界面等手段，实现“与山水地形相适应的多中心CBD”“立体化城市设计”“创造丰富有活力的多样化界面”的设计目标。

1 夜景效果
2 总体鸟瞰

建设单位：成都金融城投资发展有限责任公司
合作设计单位：Mitsubishi Jisho Sekkei Inc.
合作设计单位承担角色：方案合作设计
项目类型：城市设计
设计年份：2010
项目进展阶段：城市设计、修建性详细规划
项目地点：成都市中心城南部，高新区东部和锦江区西部
总建筑面积：11000000m^2
用地面积：5250000m^2

Client: Chengdu Financial City Investment and Development Co., Ltd.
Design partner: Mitsubishi Jisho Sekkei Inc.
Design partner's role: co-design the plan
Purpose: urban design
Design year: 2010
Project phase: urban design, constructive detailed planning
Location: South of Chengdu downtown, east of the High-tech Zone and west of Jinjiang District
Total floor area:11,000,000 m^2
Land area: 5,250,000 m^2

3 滨水两岸效果
4 中轴空间效果

上海虹桥商务区核心区城市设计

Urban Design of the Core Area of Shanghai Hongqiao CBD

上海虹桥商务区核心区是长三角面向世界的重要门户、上海服务全国和长三角的商务贸易平台、上海建设国际贸易中心的重要载体、上海多核心CBD结构的重要极点。

虹桥枢纽商务核心区依托虹桥综合交通枢纽，充分发挥对上海、长三角区域带来的集聚效应，成为上海第一个功能合理、交通便利、空间宜人、生态和谐的低碳商务示范区，成为上海“四个中心”建设、打造“四大品牌”、构建“人民城市”的重要载体。

1 总平面
2 中央公园

建设单位：上海申虹投资发展有限公司
合作设计单位：德国SBA公司、上海城市规划设计院
合作设计单位承担角色：城市设计研究，控制性详细规划编制
项目类型：中央商务区
设计年份：2009
项目进展阶段：城市设计及控制性详细规划
项目地点：紧邻虹桥交通枢纽、由扬虹路-申贵路-申虹路-义虹路-现状铁路围合的区域
总建筑面积：1699804m^2
用地面积：1430508m^2

Client: Shanghai Shenhong Investment Development Co., Ltd.
Design partners: SBA Germany, Shanghai Urban Planning and Design Research Institute
Design partners'roles: urban design research and formulating detailed controlling plan
Purpose: CBD
Design year: 2009
Project phase: urban design research and detailed control plan
Location: next to Hongqiao transport hub; enclosed by Yanghong Road, Shengui Road, Shenhong Road, Yihong Road and the existing railway
Total floor area: 1,699,804 m^2
Land area: 1,430,508 m^2

3 鸟瞰
4 核心轴线效果图

附录　各年代重要项目信息

1952~1959年

杭州屏风山疗养院

建设单位：上海市总工会
用途：疗养建筑
设计年份：1954
项目进展阶段：完成
建设地点：浙江省杭州市钱塘江屏风山
总建筑面积：7000m^2

上海展览中心

建设单位：上海市人民政府
合作设计单位：苏联中央设计院
用途：会议会展
设计年份：1955
项目进展阶段：完成
建设地点：上海市延安中路1000号
总建筑面积：80000m^2

1960~1969年

杭州西泠宾馆

建设单位：杭州西泠宾馆
用途：旅馆
设计年份：1962
项目进展阶段：完成
建设地点：杭州市西湖西泠桥
总建筑面积：12000m^2

上海虹桥机场候机楼

建设单位：中国民航总局、上海市人民政府
用途：航站楼
设计年份：1964~1995
合作设计单位：日本大林组株式会社（1981）、NACO（1988）
项目进展阶段：完成
建设地点：上海市虹桥机场
总建筑面积（截至1995年）：82000m^2

1970~1979年

金山石化总厂腈纶厂

建设单位：金山石化总厂
用途：工业建筑
设计年份：20世纪70年代
项目进展阶段：完成
建设地点：上海市金山区
总建筑面积：180000m^2

上海国际卫星地面通讯站

建设单位：上海市人民政府
用途：通讯建筑
设计年份：1973
项目进展阶段：完成
建设地点：上海市
总建筑面积：4404m^2

上海大隆机器厂

建设单位：上海大隆机器厂
用途：工业建筑
设计年份：1973
项目进展阶段：完成
建设地点：上海市
总建筑面积：34000m^2

苏州饭店新楼

建设单位：苏州饭店
用途：旅馆建筑
设计年份：1979
项目进展阶段：完成
建设地点：苏州市；
总建筑面积：16100m^2

1980~1989年

龙柏饭店

建设单位：上海市政府机关事务管理局
用途：旅馆建筑
设计年份：1981
项目进展阶段：完成
建设地点：上海市虹桥路2419号
总建筑面积：12488m^2

贝宁科托努体育中心

建设单位：西非贝宁科托努市政府
用途：体育建筑
设计年份：1982
项目进展阶段：完成
建设地点：西非贝宁科托努市
总建筑面积：48000m^2

上海港客运总站

建设单位：上海港客运总站
用途：港口建筑
设计年份：1982
项目进展阶段：完成
建设地点：上海市十六铺
总建筑面积：35000m^2

上海联谊大厦

建设单位：上海信托投资公司
用途：办公建筑
设计年份：1985
项目进展阶段：完成
建设地点：上海市延安东路100号
总建筑面积：29700m^2

上海西郊宾馆

建设单位：上海西郊宾馆
用途：旅馆建筑
设计年份：1985
项目进展阶段：完成
建设地点：上海市虹桥路1921号
总建筑面积：8700m^2

上海电信大楼

建设单位：上海市电信局
用途：电信建筑
设计年份：1980
项目进展阶段：完成
建设地点：上海市武胜路333号
总建筑面积：40000m^2

上海曲阳新村居住区

建设单位：曲阳新村筹建处
用途：居住区
设计年份：1985
项目进展阶段：完成
建设地点：上海市密云路至东体育会路范围
总建筑面积：850000m^2

上海美术馆

建设单位：上海美术馆
用途：文化建筑
设计年份：1985
项目进展阶段：完成
建设地点：上海市南京西路456号
总建筑面积：5753m^2

中美上海施贵宝制药有限公司

建设单位：中美上海施贵宝制药有限公司
合作设计单位：上海工程勘察设计有限公司
用途：工业建筑
设计年份：1985年（一期）、1999（二期）
项目进展阶段：完成
建设地点：上海市剑川路1315号
总建筑面积：11057m^2（一期）、35000m^2（二期）

上海铁路新客站

建设单位：上海铁路局
用途：铁路交通建筑
设计年份：1987
项目进展阶段：完成
建设地点：上海市秣陵路303号
总建筑面积：45200m^2

华亭宾馆

建设单位：上海华亭宾馆有限公司
合作设计单位：香港王董国际有限公司
用途：旅馆建筑
设计年份：1986
项目进展阶段：完成
建设地点：上海市漕溪北路1200号
总建筑面积：96600m^2

中国科技大学新校区
建设单位：中国科技大学
用途：教育建筑
设计年份：1988
项目进展阶段：完成
建设地点：安徽省合肥市
总建筑面积：10500m^2

华东电力调度大楼
建设单位：华东电业管理局
用途：电力建筑
设计年份：1989
项目进展阶段：完成
建设地点：上海市南京东路201号
总建筑面积：23000m^2

1990～1999年

虹桥宾馆—银河宾馆
建设单位：上海市华亭集团联营公司、上海市旅游局
合作设计单位（银河宾馆）：美国JWDA公司
用途：旅馆建筑
设计年份：1988，1990
项目进展阶段：完成
建设地点：上海市延安西路2000号，上海市中山西路888号
总建筑面积：55386m^2，63947m^2

上海商城
建设单位：上海展览中心、美国波特曼集团、日本鹿岛建设株式会社
合作设计单位：美国约翰—波特曼设计事务所、日本鹿岛建设株式会社、布利特—奥而特门设计事务所、莫里斯—哈里森设计事务所
用途：旅馆办公建筑
设计年份：1990
项目进展阶段：完成
建设地点：上海市南京西路1376号
总建筑面积：185540m^2

上海影城
建设单位：上海市电影局
用途：观演建筑
设计年份：1991
项目进展阶段：完成
建设地点：上海市新华路160号
总建筑面积：13624m^2

沪西清真寺
建设单位：上海市普陀区民族宗教事务办公室
用途：宗教建筑
设计年份：1992
项目进展阶段：完成
建设地点：上海市常德路1328弄3号
总建筑面积：1690m^2

上海豫园商城
建设单位：豫园商城
用途：商业建筑
设计年份：1994
项目进展阶段：完成
建设地点：上海市豫园城隍庙
总建筑面积：59057m^2

上海东方明珠广播电视塔
建设单位：上海市广播电视局
用途：广电建筑
设计年份：1994
项目进展阶段：完成
建设地点：上海市世纪大道1号
总建筑面积：70000m^2
建筑高度：468m

福州国贸广场
建设单位：福建闽加房产有限公司
用途：办公、旅馆建筑
设计年份：1994
项目进展阶段：完成
建设地点：福建省福州市五四路71号
总建筑面积：64000m^2

上海广播电视国际新闻交流中心
建设单位：上海电视台
用途：广电建筑
设计年份：1995
项目进展阶段：完成
建设地点：上海市南京西路651号
总建筑面积：30000m^2

厦门高崎国际机场
建设单位：厦门市人民政府
合作设计单位：加拿大B+H建筑事务所
用途：航站楼
设计年份：1996
项目进展阶段：完成
建设地点：福建省厦门市
总建筑面积：127000m^2

青松城大酒店
建设单位：中共上海市委老干部局
用途：办公、旅馆建筑
设计年份：1998
项目进展阶段：完成
建设地点：上海市肇家浜路777号
总建筑面积：50000m^2

上海大剧院
建设单位：上海大剧院工程指挥部
合作设计单位：夏邦杰建筑师事务所
用途：观演建筑
设计/竣工年份：1994/1998
项目进展阶段：完成
建设地点：上海市人民大道300号
总建筑面积：62803m^2

上海电视台电视制作综合楼
建设单位：上海市广播电视局
用途：广电建筑
设计年份：1999
项目进展阶段：完成
建设地点：上海市威海路298号
总建筑面积：51792m^2

上海世界贸易商城
建设单位：上海世界贸易商城有限公司
用途：会展办公建筑
设计年份：1999
项目进展阶段：完成
建设地点：上海市延安西路2299号
总建筑面积：282000m^2

万里小区
建设单位：上海市政府
合作设计：法国夏氏建筑师联合事务所（规划）
用途：居住区
设计年份：1999
项目进展阶段：完成
建设地点：上海市普陀区交通路3250号
总建筑面积：2300000m^2

2000～2011年

上海新客站立面改造工程
建设单位：上海铁路分局
用途：铁路客运站
设计/竣工年份：2000
项目进展阶段：完成
建设地点：上海市天目西路
主楼建筑面积：70000m^2

浦东国际机场航站楼（一期）
建设单位：上海浦东国际机场建设指挥部
合作设计单位：法国巴黎机场公司
用途：航站楼
设计年份：1996~1999
项目进展阶段：完成
建设地点：上海市启航路900号
总建筑面积：278000m^2

上海城市规划展览馆
建设单位：上海市城市规划管理局
用途：展览建筑

设计年份：2000
项目进展阶段：完成
建设地点：上海市人民大道100号
总建筑面积：20670m²

上海市磁悬浮快速列车示范运营线工程龙阳路站

建设单位：上海市磁悬浮交通发展有限公司
用途：交通建筑
设计年份：2002
项目进展阶段：完成
建设地点：上海市龙阳路
总建筑面积：22488m²

上海外国语大学松江校区

建设单位：上海外国语大学
用途：文化教育
设计年份：2002
项目进展阶段：完成
建设地点：上海市松江区
总建筑面积：130000m²

青岛国际会展中心二期扩建工程

建设单位：青岛国际会展中心管理中心
用途：展览、会议、办公、观光及商业
设计年份：2002
项目进展：完成
建设地点：青岛崂山区新技术产业开发区
总建筑面积：63087m²

重庆国际会议展览中心

建设单位：重庆城市投资建设有限公司
用途：展览、会议、宾馆
设计年份：2003
项目进展阶段：完成
建设地点：重庆市南坪
总建筑面积：227222m²

中国浦东干部学院

建设单位：中国浦东干部学院筹建处
合作设计单位：法国安东尼 · 贝叙事务所
用途：教育
设计/竣工年份：2003/2005
项目进展阶段：完成
建设地点：上海浦东新区前程路99号
总建筑面积：105000m²

上海东方艺术中心

建设单位：浦东新区文化广播电视管理局东方艺术中心筹建处
合作设计单位：Paul Andreu、法国巴黎机场公司
用途：观演建筑
设计年份：2004
项目进展阶段：完成
建设地点：上海市丁香路425号
总建筑面积：39964m²

中远两湾城

建设单位：上海中原两湾城置业发展有限公司
用途：居住区
设计年份：2005
项目进展阶段：完成
建设地点：上海市中潭路
总建筑面积：1640000m²

港汇广场

建设单位：上海港汇房地产开发有限公司
合作设计单位：冯庆延建筑师事务所（香港）有限公司、茂盛结构顾问有限公司
用途：城市综合体
设计年份：2005
项目进展阶段：完成
建设地点：上海市虹桥路1号
总建筑面积：430000m²

上海东郊宾馆主楼和宴会厅

建设单位：东郊宾馆有限公司
用途：国宾馆
设计年份：2006
项目进展阶段：完成
建设地点：上海市金科路1800号
总建筑面积：13500m²

大连国际金融中心A座（大连期货大厦）

建设单位名称：大连商品交易所
合作设计单位：gmp国际建筑设计有限公司
用途：办公建筑
设计/竣工年份：2006/2011
项目进展阶段：完成
建设地点：辽宁大连市会展路18号
总建筑面积：70000m²

苏州科技文化艺术中心

建设单位：苏州科技文化艺术中心有限公司
合作设计单位：Paul Andreu、法国巴黎机场公司
用途：文化建筑
设计年份：2007
项目进展阶段：完成
建设地点：江苏省苏州市工业园区观枫街1号
总建筑面积：159184m²

聚源职业中学

建设单位：都江堰市聚源职业中学
用途：教育建筑
设计/竣工年份：2008/2009
项目进展阶段：完成
建设地点：四川省都江堰市聚源镇
总建筑面积：44462m²

上海保利广场

建设单位：上海保利欣房地产有限公司
合作设计单位：gmp国际建筑设计有限公司
用途：办公建筑
设计/竣工年份：2006/2008
项目进展阶段：完成
建设地点：上海市东方路2号
总建筑面积：102279m²

未来资产大厦

建设单位：上海民泰房地产有限公司
合作设计单位：美国KPF建筑事务所、奥雅纳工程顾问公司
用途：办公建筑
设计年份：2009
项目进展阶段：完成
建设地点：上海市陆家嘴环路166号
总建筑面积：82030m²

浦东图书馆

建设单位：上海浦发工程建设管理有限公司
合作设计单位：株式会社日本设计
用途：文化建筑
设计年份：2008
项目进展阶段：完成
建设地点：上海市前程路88号
总建筑面积：60885m²

特立尼达和多巴哥国西班牙港国家艺术中心

建设单位：特立尼达和多巴哥国家投资建设局
用途：观演建筑
设计/竣工年份：2006 / 2010
项目进展阶段：完成
建设地点：特立尼达和多巴哥国首都西班牙港
总建筑面积：39860m²

世博轴及地下综合体工程

建设单位：上海世博土地控股有限公司
合作设计单位：德国SBA公司、上海市政工程设计研究总院
用途：交通建筑
设计及竣工年份：2006/2010
项目进展阶段：完成
建设地点：上海市上南路以西，耀华路以北，园三路以东
总建筑面积：251144m²

武汉新区四新生态新城方岛区域城市设计

建设单位：武汉新区建设开发投资有限公司
合作设计单位：武汉城市规划设计研究院
用途：综合

设计年份：2010
项目进展阶段：部分在建
建设地点：武汉四新地区
总建筑面积：1410000m^2
用地面积：145hm^2

虹桥枢纽核心区策划和城市设计
建设单位：虹桥商务区管委会
合作设计单位：上海市城市规划设计研究院、德国SBA公司
用途：综合
设计年份：2010
项目进展阶段：部分在建，部分完成
建设地点：上海虹桥商务区核心区
总建筑面积：3000000m^2
用地面积：143 hm^2

武汉光谷希尔顿酒店
建设单位：武汉生态城碧桂园投资有限公司
用途：酒店、会议、Spa
设计/竣工年份：2009/2011
项目进展阶段：完成
建设地点：湖北省武汉市花山镇严西湖
总建筑面积：106900m^2

上海国金中心
建设单位：海新陆一房地产有限公司、上海新陆二房地产有限公司、上海新陆三房地产有限公司
合作设计单位：佩利.克拉克.佩利建筑事务所（方案）、巴马丹拿国际公司（建筑扩初、施工图）、茂盛结构顾问有限公司（结构扩初、施工图）、柏诚（亚洲）有限公司（机电扩初、施工图）
用途：酒店、办公、商业
设计/竣工年份：2003/2011
项目进展阶段：完成
建设地点：上海浦东世纪大道
总建筑面积：603451m^2

上海静安寺
建设单位：上海静安寺
用途：宗教建筑
设计年份：2011
项目进展阶段：完成
建设地点：上海市南京西路1686号
总建筑面积：18012m^2

2012~2021年

空港航站楼

扬州泰州国际机场
建设单位：苏中江都机场投资建设有限公司
用途：空港航站楼
设计/竣工年份：2010/2012
项目进展阶段：完成
建设地点：扬州市江都区丁沟镇；
总建筑面积：41861m^2

温州综合交通枢纽及温州机场新建航站楼
建设单位：温州机场集团有限公司
用途：空港航站楼
设计/竣工年份：2012/2020
项目进展阶段：完成
建设地点：浙江省温州市永强机场航站区
总建筑面积：460000m^2

太原武宿国际机场
建设单位：山西航空产业集团有限公司
合作设计单位：中国航空规划设计研究总院有限公司、Strategic Planning Service, Inc.（美国SPS航空咨询公司）、山西省建筑设计研究院
用途：空港航站楼
设计年份：2020
项目进展阶段：在建
建设地点：山西太原武宿机场
总建筑面积：约600000m^2

红河综合交通枢纽
建设单位：蒙自市交通建设投资有限责任公司
用途：交通枢纽
设计年份：2020
项目进展阶段：在建
建设地点：云南省红河哈尼族彝族自治州蒙自市
总建筑面积：159000m^2

超高层综合体

昆明“春之眼”商业中心
建设单位：云南俊禾房地产开发有限公司
合作设计单位：SOM、大原建筑设计咨询（上海）有限公司、PHA深圳湃昂国际建筑设计顾问有限公司
用途：超高层综合体
设计年份：2016
项目进展阶段：在建
建设地点：云南省昆明市盘龙区
总建筑面积：587008.51m^2

大连绿地中心
建设单位：大连绿地置业有限公司
合作设计单位：Hellmuth Obtat Kassabaum (HOK)
用途：办公、酒店、公寓、商业
设计年份：2010
项目进展阶段：在建
建设地点：辽宁省大连市东港区
总建筑面积：304700m^2

温州中心
建设单位：温州中心大厦建设发展有限公司
合作设计单位：上海三益建筑设计有限公司
用途：超高层综合体
设计年份：2014
项目进展阶段：在建
建设地点：浙江省温州市
总建筑面积：457360.95m^2

中南中心超高层商业楼宇项目（DK20110136地块）超高层
建设单位：苏州中南中心投资建设有限公司
合作设计单位：Gensler、Thornton Tomasetti、WSP
用途：商业、办公、公寓、酒店 、观光
设计年份：2019
项目进展阶段：在建
建设地点：苏州工业园区星阳街东、苏惠路北
总建筑面积：500000m^2

天津高新区软件和服务外包基地综合配套区—中央商务区
建设单位：高银地产（天津）有限公司
合作设计单位：巴马丹拿建筑设计咨询（上海）有限公司
用途：办公、酒店、商业
设计年份：2011
项目进展阶段：在建
建设地点：天津市
总建筑面积：846943m^2

张江中区单元57-01地块项目
建设单位：上海翌久置业有限公司
合作设计单位：晋思建筑设计事务所（上海）有限公司（GENSLER）
用途：商务办公、商业
设计年份：2019
项目进展阶段：在建
建设地点：上海市浦东新区
总建筑面积：270218.48m^2

张江中区单元58-01地块项目
建设单位：上海灏集张新建设发展有限公司
合作设计单位：晋思建筑设计事务所（上海）有限公司（GENSLER）
用途：商务办公、商业
设计年份：2019
项目进展阶段：在建
建设地点：上海市浦东新区
总建筑面积：312930m^2

合肥滨湖新区CBD超高层综合体（T7&MALL）
建设单位：合肥市宝能房地产开发有限公司
用途：商业、酒店

设计年份：2014
项目进展阶段：土建封顶
建设地点：安徽省合肥市滨湖新区
总建筑面积：450000m^2

武汉绿地国际金融城
A01-1项目1号楼
建设单位：武汉绿地滨江置业有限公司
合作设计单位：AS+GG建筑设计事务所（建筑顾问），THORNTON TOMASETT（结构顾问），POSITIVENERGY PRACTICE（机电顾问）
用途：办公、酒店、公寓
设计年份：2010
项目进展阶段：在建
建设地点：湖北省武汉武昌区
总建筑面积：402558m^2

南京江北绿地超高层综合体
建设单位：南京霄峰置业有限公司
合作设计单位：Skidmore, Owings & Merrill LLP
用途：办公、酒店
设计年份：2018
项目进展阶段：方案
建设地点：江苏省南京市江北浦口区
总建筑面积：270000m^2

河西南鱼嘴金融集聚区
（No. 2016G97地块）项目A地块
建设单位：南京润茂置业有限公司
合作设计单位：AS+GG、TT、WSP
用途：超高层综合体
设计年份：2018
项目进展阶段：施工图
建设地点：南京市河西中心最南端
总建筑面积：320988.05m^2

合肥恒大中心
建设单位：合肥粤泰商业运营管理有限公司
合作设计单位：GENSLER、TT、WSP
用途：超高层综合体
设计年份：2015
项目进展阶段：在建
建设地点：安徽省合肥市滨湖新区CBD核心区
总建筑面积：437119 m^2

苏州国金中心
建设单位：苏州高龙房产发展有限公司
合作设计单位：KPF
用途：办公、酒店、公寓
设计/竣工年份：2009/2020
项目进展阶段：完成
建设地点：江苏省苏州市工业园区271号地块
总建筑面积：382980.20m^2

武汉国华金融中心
建设单位：宸嘉发展集团有限公司
合作设计单位：KPF、GOA
用途：超高层综合体
设计年份：2021
项目进展阶段：方案
建设地点：湖北省武汉市江岸区二七沿江商务核心区
总建筑面积：408428m^2

重庆塔（二期）
建设单位：华熙置地有限公司
合作设计单位：上海伍哈德技术咨询有限公司
用途：超高层综合体
设计年份：2013
项目进展阶段：在建
建设地点：重庆市渝中区
总建筑面积：269839.54m^2

南京金融城（二期）
建设单位：南京金融城建设发展股份有限公司
合作单位：GMP国际建筑设计有限公司
用途：超高层建筑
设计年份：2017
项目进展阶段：在建
建设地点：江苏省南京市建邺区
总建筑面积：447453m^2

高铁枢纽、轨交枢纽与立体城市

潍坊高铁北站站前广场T型区域站城一体化设计项目
建设单位：潍坊市基础设施投资建设发展有限公司
用途：交通、办公、酒店
设计年份：2017
项目进展阶段：在建
建设地点：山东省潍坊市寒亭区高铁潍坊北站南广场
总建筑面积：288500m^2

莘庄镇222号地块
（莘庄地铁上盖综合开发）
建设单位：上海莘天置业有限公司
合作设计单位：吕元祥建筑事务所（国际）有限公司、奥雅纳工程咨询（上海）有限公司、中铁第四勘察设计院集团有限公司、柏诚工程技术（北京）有限公司上海分公司
用途：上盖综合体
设计年份：2014
项目进展阶段：在建
建设地点：莘庄镇轨道交通1号线莘庄站南北广场
总建筑面积：629800m^2

绍兴市轨道交通一号线鉴湖停车场上盖项目设计
建设单位：绍兴市轨道交通集团有限公司
用途：综合建筑
设计年份：2019
项目进展阶段：在建
建设地点：浙江省绍兴市越城区鉴湖街道
总建筑面积：208999.65m^2

杨春湖商务区A地块
建设单位：武汉华侨城都市发展有限公司
合作设计单位：CRTKL、AI、TT、奥雅纳工程咨询（上海）有限公司
用途：商业
设计年份：2019
项目进展阶段：在建
建设地点：武汉市杨春湖高铁商务区
总建筑面积：921906.06m^2

成都天府新区中央商务区总部基地地下空间一体化方案设计及技术总控
建设单位：成都天府招商轨道城市发展有限公司
用途：地下空间开发
设计年份：2019
项目进展阶段：方案
建设地点：成都天府新区中央商务区总部基地
总建筑面积：1380000 m^2

徐泾镇徐盈路西侧地块综合开发工程
建设单位：上海广欣投资发展有限公司
商办部分合作设计单位：日建设计、上海隧道工程轨道交通设计研究院、奥雅纳工程咨询有限公司、美国柏诚公司、拜肯建筑设计
住宅部分合作设计单位：上海日清建筑设计有限公司
用途：商业、办公、住宅、轨道交通停车库
设计年份：2015
项目进展阶段：在建
建设地点：上海市青浦区徐泾镇
总建筑面积：733450.57m^2

铁路南京南站南北广场工程及中央景观轴工程
建设单位：南京高铁广场资产经营管理有限责任公司
合作设计单位：上海马达思班建筑设计事务所
用途：办公商业开发
设计/竣工年份：2015/2019
项目进展阶段：完成
建设地点：江苏省南京南站南侧

总建筑面积：172671.8m²

绍兴镜湖梅山广场开发项目
建设单位：绍兴市地铁物产置业有限公司
用途：行政服务中心、酒店、商业
设计年份：2019
项目进展阶段：在建
建设地点：浙江绍兴镜湖新区JH-10-16-08、09地块
总建筑面积：201319.6m²

静安寺交通枢纽及商业开发工程
建设单位：上海通安房地产开发有限公司、上海天顺经济发展有限公司
合作设计单位：英国贝诺有限公司（Benoy）
用途：交通枢纽及商业开发
设计/竣工年份：2008/2012
项目进展阶段：完成
建设地点：上海市静安区愚园路68号
总建筑面积：122029m²

城市中心区更新开发

新天地时尚I更新项目（上海黄浦新天地南里商场提升）
建设单位：瑞安房地产
合作设计单位：AvroKO、AIM、AECOM、dop、TM light、上海市建筑科学研究院有限公司
用途：商业
设计/竣工年份：2018 / 2020
项目进展阶段：完成
建设地点：上海市黄浦区马当路245号
总建筑面积：26000m²

深圳罗湖湖贝城市更新项目地下空间技术统筹
建设单位：华润置地
合作设计单位：日建设计、LEAD8、广州市政院、奥雅纳工程咨询有限公司、华阳国际设计集团、立方建筑设计顾问有限公司
用途：地铁换乘枢纽城市更新综合开发
设计年份：2020
项目进展阶段：方案
建设地点：深圳
总建筑面积：3200000m²

柏树大厦修缮工程
建设单位：上海外经贸工程有限公司
用途：办公
设计/竣工年份：2017/2019
项目进展阶段：完成
建设地点：上海市虹口区中山北一路1230号
总建筑面积：49666m²

扬子大厦改造工程
建设单位：南京壹城康泰危旧房改造开发有限公司
用途：综合建筑
设计/竣工年份：2018/2021
项目进展阶段：完成
建设地点：江苏省南京市秦淮区淮海50号
总建筑面积：27000m²

城市重点文化设施

成都大魔方演艺中心
建设单位：成都中冶文投置业有限公司
用途：观演建筑
设计/竣工年份：2008/2017
项目进展阶段：完成
建设地点：四川省成都市高新区新天府广场
总建筑面积：130786.7 m²

宝安文化公共艺术中心
建设单位：深圳市宝安区文化广电旅游体育局
合作设计单位：Coldefy & Associés Architectes Urbanistes
用途：文化建筑
设计年份：2016
项目进展阶段：在建
建设地点：深圳市宝安区
总建筑面积：92125.09m²

产业园区与总部办公

中国商飞民机试飞科技园
建设单位：中国商用飞机有限责任公司民用飞机试飞中心
用途：办公、科研
设计/竣工年份：2015/2018
项目进展阶段：完成
建设地点：上海市浦东新区祝桥镇空港工业园区
总建筑面积：144565m²

国家（杭州）短视频基地
建设单位：杭州文化广播电视集团有限公司
用途：办公、传媒
设计年份：2021
项目进展阶段：在建
建设地点：杭州市上城区
总建筑面积：187607m²

临港科技创新城A0202地块
建设单位：上海临港科技创新城经济发展有限公司
合作设计单位：ennead（亦建设计咨询（上海）有限公司）、理雅结构工程咨询有限公司
用途：办公
设计/竣工年份：2020
项目进展阶段：完成
建设地点：上海市浦东新区海港大道和海洋一路之间
总建筑面积：146802m²

华为生产基地（二期）
建设单位：深圳市华为投资控股有限公司
合作设计单位：Werner Sobek Ingenieure、Zibell、Willner & Partner
用途：办公建筑
设计/竣工年份：2007/2014
项目进展阶段：完成
建设地点：浙江省杭州市滨江区高新技术开发区
总建筑面积：322762m²

武汉海康威视科技园
建设单位：武汉海康威视技术有限公司
用途：工业研发园区
设计年份：2018
项目进展阶段：方案
建设地点：湖北省武汉市东湖新技术开发区
总建筑面积：699348.08m²

会议会展综合体

绿地·东北亚国际博览城17号地块国际会展中心项目
建设单位：绿地众建哈尔滨房地产开发有限公司
用途：展览建筑
设计年份：2019
项目进展阶段：在建
建设地点：哈尔滨市松北新区
总建筑面积：184141.2m²

西安空港绿地国际会展中心
建设单位：绿地集团西咸新区启航国际会展有限公司
用途：会展、会议
设计年份：2019
项目进展阶段：在建
建设地点：西安市西咸新区空港新城
总建筑面积：77400m²

南京南部新城会展中心（中芬合作交流中心）
建设单位：南京市南部新城开发建设（集团）有限公司—南京南部新城会展中心发展有限公司
合作设计单位：芬兰PES建筑设计事务所
用途：酒店、办公、会展、商业
设计年份：2018
项目进展阶段：在建
建设地点：南京

总建筑面积：211189.36m²

安庆会展中心
建设单位：安庆经济技术开发区财政投资建设工程管理中心
用途：会展建筑
设计年份：2018
项目进展阶段：方案
建设地点：安徽省安庆市圆梦新区
总建筑面积：104628m²

临港国际会议中心（一期）
建设单位：上海陆家嘴新辰投资股份有限公司
合作设计单位：美国GP建筑设计有限公司（办公、商业）、法国雅克·费尔叶建筑事务所（酒店、会议）
用途：办公、商业、酒店、会议
设计年份：2015/2016
项目进展阶段：完成
建设地点：上海市临港新城
总建筑面积：161664m²（办公商业），207096m²（酒店会议）

中国（杭州）国际快递会展中心—桐庐县富春未来城快递物流会展中心项目（一期）
建设单位：桐庐县富春未来城开发建设有限公司
用途：会展
设计年份：2020
项目进展阶段：在建
建设地点：浙江桐庐县
总建筑面积：112433.3m²

杭州白石会展中心
建设单位：杭州白石会展中心有限公司
用途：会展综合体、酒店
设计年份：2019
项目进展阶段：在建
建设地点：杭州江干区白石港
总建筑面积：234120 m²

医疗与康养

黄浦区医疗中心
建设单位：上海市黄浦区卫生局
用途：医疗卫生
设计/竣工年份：2009/2021
项目进展阶段：完成
建设地点：上海市黄浦区国货路291号
总建筑面积：79567m²

中国一东盟医疗保健合作中心（广西）项目
建设单位：广西医科大学第一附属医院
用途：增建医疗综合大楼
设计年份：2018
项目进展阶段：在建
建设地点：南宁市双拥路6号广西医科大学第一附属医院
总建筑面积：115877.2m²

深圳市儿童医院科教综合楼项目
建设单位：深圳市建筑工务署
合作设计单位：贝加艾奇（上海）建筑设计咨询有限公司
用途：综合性三级甲等儿童医院
设计年份：2020
项目进展阶段：在建
建设地点：深圳市福田区
总建筑面积：119540.9m²

福田区妇儿医院建设工程项目
建设单位：深圳市福田区建筑工务署
合作设计单位：法国AIA建筑工程联合设计集团
用途：医院
设计年份：2019
项目进展阶段：在建
建设地点：深圳市福田区安托山片区
总建筑面积：142628m²

上海百汇医院新建项目
建设单位：上海百汇医院有限责任公司
合作设计单位：HKS国际建筑设计公司
用途：医疗卫生
设计年份：2017
项目进展阶段：在建
建设地点：上海市闵行区季乐路、联友路交叉口
总建筑面积：84418m²

南通市中央创新区医学综合体（一期/二期）
建设单位：南通市市级政府投资项目建设中心
合作设计单位：美国集思霈建筑设计咨询（上海）有限公司
用途：医疗教育
设计年份：2017
项目进展阶段：在建
建设地点：江苏省南通市中央创新区
总建筑面积：414190 m²

江北新区生物医药谷医疗综合体（东南大学附属中大医院江北院区）
建设单位：南京江北医学资产管理有限公司
用途：医疗
设计年份：2020
项目进展阶段：在建
建设地点：江苏省南京市江北新区
总建筑面积：301994.74m²

绍兴市人民医院镜湖总院
建设单位：绍兴市镜湖健康产业开发有限公司
用途：医疗
设计年份：2019
项目进展阶段：在建
建设地点：浙江省绍兴市镜湖新区文创休闲区
总建筑面积：263015m²

杭州华润国际医疗中心项目
建设单位：杭州润地健康投资管理有限公司
合作设计单位：帕金斯威尔建筑设计咨询（上海）有限公司Perkins&Will，科进柏诚工程技术（背景）有限公司WSP
用途：医疗
设计年份：2019
项目进展阶段：在建
建设地点：杭州市余杭区
总建筑面积：178812m²

酒店建筑

拉萨香格里拉酒店
建设单位：香格里拉大酒店（拉萨）有限公司
合作设计单位：新加坡赵子安联合建筑设计事务所
用途：酒店
设计/竣工年份：2011/2019
项目进展阶段：完成
建设地点：西藏自治区拉萨市罗布林卡路19号
总建筑面积：44349.05m²

北京华贸中心丽思·卡尔顿 & J. W. 万豪酒店
建设单位：北京华贸素拉潘酒店发展有限公司
合作设计单位：美国（EDAW）环境规划设计有限公司；美国HBA（赫兹贝纳）室内设计顾问公司
用途：酒店
设计/竣工年份：2002/2006
项目进展阶段：完成
建设地点：北京朝阳区西大望路6号
总建筑面积：127667m²

金牛宾馆改扩建工程二期
建设单位：四川省人民政府金牛宾馆
用途：宾馆
设计/竣工年份：2018/2021
项目进展阶段：完成
建设地点：四川省成都市金牛区金泉路2号金牛宾馆

总建筑面积：49274m²

杭州香格里拉饭店

建设单位：杭州香格里拉饭店有限公司
合作设计单位：柯凯建筑设计顾问（上海）有限公司，North End, S.L.U., Gert Voorjans BV
用途：旅馆建筑
设计年份：2019
项目进展阶段：部分方案，部分在建
建设地点：浙江省杭州市西湖区北山路78号
总建筑面积：55524m²

东方美谷论坛酒店

建设单位：上海协卓置业有限公司
合作设计单位：Gensler
用途：酒店、会议
设计/竣工年份：2018/2020
项目进展阶段：完成
建设地点：上海奉贤金海社区
总建筑面积：62751.9m²

哈尔滨富力丽思卡尔顿酒店

建设单位：富力（哈尔滨）房地产开发有限公司
合作设计单位：美国LAD、BENOY、富力设计院、JRP
用途：超高层酒店、办公、商业综合体
设计/竣工年份：2015/2021
项目进展阶段：完成
建设地点：黑龙江省哈尔滨市道里区友谊西路660号1座
总建筑面积：471844.75m²

上海外滩万达瑞华酒店

建设单位：上海证大外滩国际金融服务中心置业有限公司
合作设计单位：Foster + Partners
用途：酒店
设计/竣工年份：2011/2016
项目进展阶段：完成
建设地点：上海市黄浦区中山东二路538号
总建筑面积：50000m²

北外滩鹏欣悦榕酒店

建设单位名称：上海北沙滩置业有限公司
合作设计单位名称 Mix Studio Works
用途：酒店
设计/竣工年份：2008/2012
项目进展阶段：完成
建设地点：上海市虹口区北外滩公平路与海平路
总建筑面积：30127.3m²

崇明阿丽拉酒店

建设单位：上海盈谷房地产有限公司
合作设计单位：KKAA
用途：酒店
设计年份：2018
项目进展阶段：在建
建设地点：崇明县陈家镇
总建筑面积：39531m²

黄山太平湖皇冠假日酒店

建设单位：黄山太平湖度假酒店发展有限公司
合作设计单位：澳洲ALLEN JACK + COTTIER建筑设计公司
用途：酒店
设计/竣工年份：2006/2014
项目进展阶段：完成
建设地点：安徽省黄山市太平湖
总建筑面积：42092m²

东盟博览会商务综合体

建设单位：广西南博国际会展有限责任公司
用途：酒店、办公、商业
设计/竣工年份：2019
项目进展阶段：完成
建设地点：广西壮族自治区南宁市青秀区
总建筑面积：158647.31m²

文旅与特色小镇4

临港南汇新城NHC101社区01单元19-02、20-01、22-02地块新建项目（上海冰雪世界）

建设单位：上海耀雪置业有限公司
立面设计咨询顾问：AMA（A. M. Associates Singapore Pte Ltd.）
用途：商业综合体
设计年份：2017
项目进展阶段：一期竣工，二期在建
建设地点：上海浦东新区临港南汇新城镇
总建筑面积：349170.77m²

五彩田园本草健康小镇（一期）

建设单位：广西南药康园投资有限责任公司
用途：医疗、养老建筑
设计年份：2017
项目进展阶段：在建
建设地点：广西壮族自治区玉林市
总建筑面积：302457m²

青瓷小镇国营瓷厂国际非遗文化中心

建设单位：道铭（龙泉）青瓷文化创意发展有限公司
用途：文化、商业、居住、办公
设计年份：2016
项目进展阶段：完成
项目地点：浙江省龙泉市
总建筑面积：9800m²

广西那马物流产业小镇

建设单位：广西北投物流发展有限公司
合作设计单位：戴德梁房地产顾问（深圳）有限公司
项目类型：旅游度假
设计年份：2016
项目进展阶段：在建
项目地点：广西壮族自治区南宁市
总建筑面积：1293000m²

教育建筑

张思德干部学院建设项目

建设单位：张思德干部学院暨国防综合教育训练基地服务中心
用途：文化教育
设计年份：2019
项目进展阶段：在建
建设地点：四川省南充市仪陇县
总建筑面积：70876m²

上海市高端艺术人才实训基地

建设单位：上海视觉艺术学院
用途：文化教育
设计/竣工年份：2013/2015
项目进展阶段：完成
建设地点：上海市松江区
总建筑面积：21965.98m²

上海大学延长路校区建设改造工程

建设单位：上海大学
用途：文化教育
设计年份：2016
项目进展阶段：在建
建设地点：上海市延长路149号
总建筑面积：73006m²
电影学院、摄影棚、美术学院为原创
建筑面积：64686m²
交流展示中心为合作设计
合作设计单位：上海复旦规划建筑设计研究院&瑞士马里奥博塔事务所 联合体
建筑面积：8320m²

四川长征干部学校总部建设暨省委党校校园改造提升项目

建设单位：四川省委党校四川行政学院
用途：党校
设计年份：2020
项目进展阶段：方案
建设地点：成都市青羊区光华村街43号、56号
总建筑面积：183528m²

规划与城市设计

重庆两江新区建筑风貌导则设计

建设单位：重庆市两江新区管委会

项目类型：城市风貌规划
设计年份：2017
项目进展阶段：导则控制
项目地点：重庆市两江新区
用地面积：440000000m²

北京保险产业园核心区城市设计

建设单位：北京保险产业园投资控股有限责任公司
合作设计单位：晋思建筑设计事务所（上海）有限公司（GENSLER）
用途：产业园
设计年份：2014
项目进展阶段：在建
建设地点：北京石景山
总建筑面积：540000m²
用地面积：667400m²

长沙高铁西城规划总控

建设单位：长沙先导投资控股集团有限公司
项目类型：综合
设计年份：2018
项目进展阶段：规划总控
项目地点：长沙市湘江新区
总建筑面积：6314220m²
用地面积：12523700m²

上海国际医学园区国际社区城市设计

建设单位：上海市张江高科技园区管理委员会
用途：居住
设计年份：2018
项目进展阶段：在建
建设地点：上海张江
总建筑面积：3180000m²
用地面积：332000 m²

陕西西咸新区空港新城规划

建设单位：空港新城管委会
合作设计单位：NACO荷兰机场咨询公司
项目类型：法定规划
设计年份：2016
项目进展阶段：分区规划和城市设计
建设地点：陕西省西咸新区空港新城
总建筑面积：115344000m²
用地面积：144180000m²

大西安新中心中央商务区城市设计

建设单位：陕西省西咸新区开发建设管理委员会
项目类型：城市设计
设计年份：2016
项目进展阶段：部分在建
项目地点：陕西省西咸新区
总建筑面积：19800000m²
用地面积：3300hm²

图片来源

1. 烟台蓬莱国际机场航站楼及停车库工程
由烟台潮水机场工程建设有限公司提供
2. 浦东国际机场南航站区卫星厅
图片1由上海机场（集团）有限公司提供
3. 宁波栎社国际机场T2航站楼及交通中心
图片3由宁波机场与物流园区投资发展有限公司提供
4. 南京金鹰天地广场
由南京建邺金鹰置业有限公司提供
5. 上海黄浦区小东门街道616、735街坊地块项目（绿地外滩中心）
效果图由KPF提供
6. 成都绿地东村8号地块超高层综合体
经绿地集团蜀峰房地产开发有限公司同意使用
7. 上海华侨城苏河湾T1商办综合楼（宝格丽酒店）
由华侨城（上海）置地有限公司提供
8. 上海丁香路778号商业办公楼项目
由BENOY贝诺提供，张虔希摄影
9. 南京南站南广场
由深圳市张健蘅建筑设计咨询有限公司提供
10. 上海龙阳路综合交通枢纽项目总控
由株式会社日建设计提供
11. 杭州江河汇/杭州国际金融中心汇东地块项目
由杭州新汇东置业有限公司提供
12. 上海黄浦区160街坊保护性综合改造工程
由戴维·奇普菲尔德建筑方案咨询（上海）有限公司提供
13. 江苏大剧院
由江苏大剧院项目指挥部提供
14. 上海大歌剧院
经上海大歌剧院授权使用
15. 宜昌规划展览馆
图片1由宜昌市城市规划展览馆提供
16. 黄山市城市展览馆
由姚仁喜｜大元建筑工场提供，高文仲摄影
17. 济宁市美术馆
由济宁市城投文化旅游产业有限公司提供
18. 新开发银行总部大楼
由Moment（上海藤垣空间艺术设计工作室）提供
19. 雄安科创综合服务中心（一期）与雄安新区绿色展示中心
雄安新区绿色展示中心图片由都市实践（北京）建筑设计咨询有限公司提供
20. 武汉天河国际会展中心
由瓦罗德皮斯特建筑设计咨询（北京）有限公司提供
21. 南京市南部新城医疗中心
由上海榫卯文化发展有限公司提供
22. 太保家园·上海东滩国际颐养中心
由太平洋保险公司养老投资公司提供
23. 太保家园·青岛国际康养社区
由太平洋保险公司养老投资公司提供
24. 昆明索菲特大酒店
由昆明钢铁控股有限公司提供
25. 云南悦景庄·西双版纳项目东区一期
经云南景和置业有限公司同意使用
26. 无锡灵山胜境工程（三期）—— 梵宫
由灵山集团提供
27. 尼山圣境儒宫
由曲阜尼山文化旅游投资发展有限公司提供
28. 上海国际文物艺术品保税服务中心
由上海自贸区国际文化投资发展有限公司提供
29. 苏州拙政别墅
由苏州赞威置业提供

其他项目图片由华建集团华东建筑设计研究院有限公司提供（或华建集团华东建筑设计研究院有限公司与相关方共有使用权）。